ÉLÉMENS DE CHIMIE,

D'APRÈS

M. LE BARON L. J. THÉNARD,

MEMBRE DE L'ACADÉMIE DES SCIENCES,
PROFESSEUR A L'ÉCOLE POLYTECHNIQUE, AU COLLÉGE DE FRANCE,
DOYEN DE LA FACULTÉ DES SCIENCES, PAIR DE FRANCE, ETC.

Par deux de ses anciens élèves,

M. CHEVET,

Préparateur à l'École Normale,

Et M. AUGUSTE CHEVALIER,

Ancien élève de l'École Normale.

PREMIÈRE PARTIE.

PARIS,

PLACE SAINT-ANDRÉ-DES-ARTS, N° 30.

1833.

N. B. — Les planches relatives aux deux parties de la Chimie se trouveront à la fin du second
volume, ainsi que la description de quelques autres appareils dont il n'est pas question dans le
cours de l'ouvrage.   Aj. de Gr.

TRAITÉ ÉLÉMENTAIRE

DE CHIMIE.[1]

CHIMIE MINÉRALE

ou

INORGANIQUE.

NOTIONS PRÉLIMINAIRES.

La chimie se propose la composition et la décomposition des différens corps de la nature ; en d'autres termes, elle a pour but de connaître les *élémens*, les *principes* qui entrent dans les corps, pour pouvoir ensuite, elle-même, recomposer ces corps.

On appelle *élémens*, *corps primitifs*, *corps élé-*

[1] Il est indispensable d'avoir quelques notions de physique pour bien comprendre les phénomènes que présente la chimie. (Voy. le *Traité de Physique*, qui fait partie de la Bibliothèque Populaire).

mentaires, les corps dont on ne peut retirer qu'une seule et même matière, à quelque épreuve qu'on les soumette. Les anciens croyaient qu'il n'y avait que quatre élémens : le feu, l'eau, l'air et la terre. Cette opinion, émise pour la première fois par Aristote, et professée pendant si long-temps, n'est plus soutenue que par ceux qui n'ont fait aucune étude des sciences. D'ailleurs l'eau, l'air et la terre sont des corps composés ; le feu, en tant que chaleur ou calorique, est un fluide impondérable, insaisissable, immatériel.

Le nombre des *élémens* s'élève aujourd'hui à cinquante-deux. Il est possible que plus tard, lorsque la science sera plus avancée, on découvre en eux des principes qu'on n'a pu encore en séparer; mais jusqu'à cette époque, on considérera ces cinquante-deux corps comme *simples*, comme *élémentaires*.

Les alchimistes (1) pensaient qu'il existait un *principe unique* de toute matière, ayant la vertu de décomposer chaque corps en ses diverses parties ; ils l'appelaient *menstruum universale*, ou bien encore *lapis philosophorum* (*pierre philosophale*), dont le contact devait convertir tous les corps en or. Cette idée unitaire, grande sans doute, et qui pourrait, par la suite, recevoir de larges développemens, est aujourd'hui l'objet de la risée universelle; parce que les alchimistes l'enveloppèrent de toutes sortes de pratiques bizarres, et ne purent d'ailleurs, après des travaux inouïs, découvrir cette *âme*, ce *principe de tout*, selon leur langage.

On appelle corps *composés* ceux qui résultent de la *combinaison* des élémens.

____

(1) On donne surtout le nom d'alchimistes à cette espèce de secte qui avait la prétention de fabriquer l'or.

On dit que les corps se *combinent* lorsqu'ils agissent les uns sur les autres, de manière à n'en plus former qu'un seul, dont toutes les parties, même les plus ténues, contiennent une certaine quantité de chacun d'eux. C'est ainsi qu'en faisant fondre dans un creuset quatre-vingts parties de plomb et vingt parties de soufre, on obtient un composé dont les plus petits fragmens contiennent du plomb et du soufre; c'est encore ainsi qu'en faisant fondre du sel dans l'eau, il en résulte une liqueur dont toutes les gouttes sont salées.

Lorsque les corps se combinent, on n'aperçoit pas, même avec les plus forts microscopes, les parties entre lesquelles la combinaison a lieu, tant elles sont ténues; il en résulte de nouvelles parties moins petites que les précédentes, puisqu'elles sont composées des premières, mais assez petites encore pour n'être pas sensibles à la vue. Ces nouvelles parties, après leur formation, affectent tantôt l'état de gaz, tantôt celui de liquide, tantôt celui de solide.

On conclut de là que tous les corps sont formés d'une agglomération de parties qu'on appelle *atomes* ou *molécules*; ces atomes ou molécules sont composés lorsque le corps est composé, simples lorsque le corps est simple.

Il faut observer qu'aucun procédé mécanique ne peut résoudre un corps composé en molécules qui diffèrent les unes des autres, lors même qu'à l'aide de procédés chimiques on en peut tirer plusieurs corps simples; mais il est évident pour quiconque y réfléchit que les molécules similaires auxquelles on s'arrête par la première voie contiennent au moins deux parties d'espèces différentes. De là une distinction entre les molécules *intégrantes* et les molécules *constituantes*. Les premières sont celles que donne la division mécanique, et qui sont toujours semblables. Les autres sont celles qui composent la molécule intégrante du corps composé, et qui sont nécessairement différentes. Ainsi, le zinc, qui est au nombre des corps simples ou élémentaires, est formé d'un amas de molécules intégrantes que l'on ne peut concevoir ultérieurement divisées. Il en est de même du cuivre. Au contraire, le laiton ou cuivre jaune, qui est un corps composé, et duquel la décomposition chimique retire du cuivre et du zinc, est aussi formé, il est vrai, de molécules intégrantes; mais chacune de ces molécules contient encore du cuivre et du zinc; et ces particules infiniment petites, qui entrent dans la composition de la molécule intégrante, sont les molécules constituantes. Il est clair, par conséquent, qu'un même corps peut contenir des molécules intégrantes et constituantes; car, quand les parties infiniment petites du cuivre et du zinc se sont combinées comme molécules constituantes, pour former de petits composés, qui sont du laiton, ces petits composés s'amoncellent à leur tour comme molécules intégrantes, et forment un corps plus ou moins considérable. En revanche, les parties intégrantes deviennent souvent constituantes : par exemple, certains composés quaternaires peuvent avoir été formés par la réunion de quatre élémens : tel serait un alliage de platine, iridium, palladium, rhodium, alliage qui existe dans la nature. Mais d'autres résultent de la combinaison de deux composés binaires : tel est l'hydrochlorate de soude, ou sel marin ordinaire, qui contient de l'acide hydrochlorique (chlore et hydrogène) et de la soude (oxigène et sodium). Dans le premier cas, on n'a combiné que des corps simples ; dans le second, on a combiné des combinaisons , et les molécules , naguère parties intégrantes de chacun des composés binaires , deviennent parties constituantes du composé quaternaire. Cette remarque, que jusqu'à ce jour personne n'a exprimée, nous semble de quelque importance, et nous avertissons que toutes les fois qu'il s'agira d'un corps quaternaire formé de deux binaires nous considérerons les parties intégrantes de ceux-ci comme constituantes du premier.

On conçoit que les molécules, dont la combinaison ou l'agglomération constitue un corps, ne se tiennent qu'en vertu d'une force. Cette force, que l'on nomme *attraction moléculaire*, est la même dans les molécules intégrantes et les molécules constituantes ; mais elle s'appelle *cohésion* quand elle joint les premières, et *affinité* quand elle unit les secondes. Il n'y a donc que cohésion entre les molécules des corps simples ; il y a cohésion et affinité entre celles des corps composés. Ainsi, pour reprendre les exemples cités plus haut, la cohésion seule tient ensemble les parties intégrantes et similaires du zinc ; mais la cohésion qui tient ensemble les parties intégrantes et similaires du laiton ne s'exerce que sur des parties déjà formées de particules hétérogènes réunies par l'affinité. Il en résulte que, séparer les molécules intégrantes (ce qui s'appelle en d'autres termes *diviser* un corps), c'est rompre la cohésion ; séparer les parties constituantes (ce qui s'appelle *décomposer*), c'est rompre l'affinité.

Il ne peut entrer dans notre plan de développer les lois générales de la composition et de la décomposition. Nous nous contenterons d'appeler l'attention sur le principe suivant : les molécules des corps obéissent à deux forces simultanées : 1° l'attraction qui unit leurs atomes; 2° une action répulsive, qui, à quelque cause qu'on l'attribue (ces causes peuvent être le calorique, la lumière, l'électricité ou un fluide unique revêtu successivement de ces trois noms) tend sans cesse à éloigner les parties d'un même corps. C'est au mode d'équilibre de ces deux pouvoirs que les corps pondérables doivent les trois aspects de *solides, liquides* et *fluides aériformes* ou *gaz*, sous lesquels la nature les offre à nos yeux. Diverses circonstances, par exemple, le changement des saisons, la présence ou l'absence du soleil, les variations même de la température rompent cet équilibre. C'est ainsi que l'eau passe de l'état de glace à celui de liquide, et puis à celui de vapeur, et en général on peut dire que les corps se trouvent 1° solides, quand la force attractive l'emporte sur la répulsive; 2° fluides aériformes, quand c'est la force répulsive qui l'emporte sur l'autre; 3° liquides, lorsqu'il y a presque équilibre entre les deux forces.

Nous avons dit plus haut qu'il y avait cinquante-deux corps simples; on les divise en deux séries : l'une est composée des corps simples qui ne participent pas de la nature métallique, l'autre, au contraire, renferme les corps métalliques.

La première série contient douze corps, savoir : *oxigène, hydrogène, bore, carbone, phosphore, soufre, sélénium, iode, chlore, fluor, brôme, azote.*

La seconde série contient quarante corps, savoir: *silicium, zirconium, aluminium, yttrium, glucinium, magnésium, calcium, strontium, barium, lithium, sodium, potassium, manganèse, zinc, fer étain, arsenic, molybdène, chrôme, tungstène, columbium* ou *tantale, antimoine, urane, cérium, cobalt, cadmium, titane, bismuth, cuivre, tellure, nickel, plomb, mercure, osmium, argent, rhodium, palladium, or, platine, iridium.*

On appelle corps *combustibles* ou *oxigénables* tous les corps simples autres que l'oxigène, parce que tous peuvent se combiner avec ce principe, souvent en donnant de la chaleur, et même de la lumière.

La plupart des corps simples que nous venons d'énumérer ne se rencontrent pas à l'état naturel ; presque tous sont engagés dans des combinaisons. Le chimiste s'occupe des procédés au moyen desquels on les extrait de ces combinaisons ; il étudie les diverses propriétés qui les distinguent, et qui lui permettent de reproduire avec une fidèle exactitude la plupart des composés auxquels ils donnent lieu.

Les combinaisons possibles des corps ne sont pas aussi nombreuses qu'on pourrait le croire au premier abord ; elles ne sont pas non plus irrégulières ; au contraire, elles se font toujours dans des rapports simples, comme nous le verrons dans ce qui va suivre.

Les limites dans lesquelles nous renferme ce petit traité ne nous permettant pas de nous étendre beaucoup sur les vastes sujets que renferme la chimie, nous nous bornerons à indiquer les propriétés des corps simples ou composés les plus importans, leurs préparations, et les lois générales que l'on remarque dans les combinaisons.

CHAPITRE PREMIER.

OXIGÈNE.

Le physicien anglais Priestley fit la découverte de l'oxigène en 1774; bientôt après, l'immortel Lavoisier étudia les propriétés de ce gaz, et c'est de là surtout que datent les progrès immenses qu'a faits la chimie.

L'oxigène est un gaz sans odeur et sans saveur, invisible comme l'air, dans lequel il entre pour les vingt et un centièmes, il est un peu plus pesant que l'air : car, en représentant par 1 la densité de l'air, celle de l'oxigène sera 1 et 1026 dix-millièmes. — Une allumette éteinte, mais présentant encore un peu de charbon rouge, s'enflamme tout à coup lorsqu'on la plonge dans un flacon plein d'oxigène, c'est même là une des propriétés les plus caractéristiques de ce gaz.

On entend en général, par *combustion*, la combinaison de l'oxigène avec un corps quelconque. C'est cette combinaison qui donne à l'industrie tout les grands moyens de chaleur qu'elle possède aujourd'hui. — La *flamme* est une matière gazeuse chauffée au point d'être lumineuse. Une toile métallique très-serrée ne laisse pas passer la flamme au travers d'elle, parce qu'elle enlève au gaz la chaleur nécessaire pour qu'il devienne lumineux ; par conséquent, si l'on entoure une lampe d'une toile semblable, on pourra l'allumer et se promener avec elle dans de l'air détonnant sans craindre l'explosion. Elle sera donc éminemment utile dans les mines de charbon où l'on n'a eu que trop souvent à déplorer les catastrophes produites par l'explosion de l'air détonnant (qui est formé d'air et d'hydrogène carboné provenant de la mine), explosion causée par la lampe dont se servaient jadis les mineurs pour éclairer leurs ouvrages. La *lampe de sûreté* dont nous venons de parler a été inventée par le célèbre Davy, qui lui a donné son nom; on la voit représentée fig. 1.

L'oxigène s'obtient facilement et de plusieurs manières ; la méthode la plus usitée consiste à chauffer jusqu'au rouge, dans un fourneau, une cornue renfermant un corps appelé peroxide de manganèse (c'est une combinaison d'oxigène et de manganèse). La chaleur fait qu'une portion de l'oxigène quitte le manganèse ; ce gaz, en vertu de sa force élastique, s'échappe par le tube BB' adapté à la cornue (fig. 2), et se rend par le même tube dans la cloche M, qu'on a eu soin de remplir d'eau. A mesure que le gaz arrive dans la cloche, il remplace l'eau dont elle était pleine, et bientôt le liquide est entièrement chassé. Nous ne nous étendrons pas davantage sur cette préparation, ni sur celles que nous pourrons rencontrer: l'espace ne le permet pas. Pour acquérir une connaissance exacte de toutes les précautions à prendre pour préparer convenablement les corps dont la chimie s'occupe, on n'aura qu'à consulter le *Traité de Chimie* si renommé de notre maître M. Thénard, d'après lequel nous avons rédigé ces *élémens*.

HYDROGÈNE.

L'hydrogène est un gaz sans saveur, et sans odeur, invisible. Sa densité n'est que 0,0688 (dix millièmes) l'air étant représenté par un (le treizième environ de celle de l'air). Sa grande légèreté fait qu'on l'emploie pour gonfler les ballons aérostatiques.

Il brûle à l'air, ce qui revient à dire qu'il se combine avec l'oxigène de l'air. Lorsqu'on mêle 2 volumes d'hydrogène avec 1 volume d'oxigène, et qu'on présente au mélange un corps enflammé, on entend une violente détonnation ; et à la place de l'oxigène et de l'hydrogène il n'y a plus que de l'eau. Si l'on avait mis plus d'oxigène, une portion serait restée intacte, et tout l'hydrogène aurait disparu. Si l'on avait mis de même une plus grande quantité d'hydrogène, il en serait resté l'excès des deux volumes primitifs ; ainsi l'on voit que des combinaisons de l'oxigène et de l'hydrogène ne peuvent pas s'opérer selon notre volonté ; de plus, le rapport des volumes qui se combinent est très-simple, puisqu'il est celui de 2 à 1. Cette simplicité a été observée, sinon la même, du moins analogue dans toutes les combinaisons que nous offrent les' substances gazeuses ; or, comme l'on peut gazéifier plusieurs liquides et plusieurs solides, et qu'on les gazéifirait probablement tous si l'on pouvait les exposer à une chaleur assez forte ; il est tout naturel de penser que cette loi simple de composition s'applique aussi à ces sortes de corps ; d'ailleurs, grand nombre d'expériences tendent à prouver cette assertion.

L'hydrogène s'extrait de l'eau. La fig. 3 représente l'expérience. *E* est un flacon dans lequel on a mis de l'eau, de l'acide sulfurique (huile de vitriol) et du zinc en grenaille ; l'hydrogène se dégage aussitôt que le mélange est fait, il est conduit par un tube *A B CD* sous une cloche *L*, et remplace l'eau dont on l'avait primitivement remplie. Voici ce qui se passe dans le mélange que nous venons d'indiquer : une partie d'eau est décomposée en oxigène et hydrogène, ses élémens ; l'hydrogène se dégage promptement, l'oxigène se joint au zinc, forme ce qu'on nomme *un protoxide de zinc*, qui lui-même se combine avec l'acide sulfurique, et forme un nouveau composé appelé *sulfate de protoxide de zinc*. Ces combinaisons produisent une chaleur assez forte pour que la main ne puisse rester sur le flacon. On peut substituer le fer au zinc pour cette même préparation.

CARBONE.

Le charbon, tel que nous le connaissons habituellement, contient toujours de l'hydrogène et de la cendre; de là, la nécessité de donner un nom particulier au charbon pur : l'on a adopté celui de *carbone* (du mot latin *carbo* qui signifie également *charbon*).

Le diamant est du carbone parfaitement pur, et dont les molécules affectent une forme régulière (qu'on nomme *cristallisation*). En d'autres termes le diamant est du carbone cristallisé.

La houille, ou charbon de terre, est du charbon imprégné de bitume. On la trouve en abondance dans les entrailles de la terre. Le *coke* n'est autre chose que du charbon de terre calciné.

Lorsque le charbon brûle, c'est-à-dire se combine avec l'oxigène de l'air, il passe à l'état de gaz, on dit alors qu'il devient *acide carbonique*, lequel est plus pesant que l'air.

Lorsqu'on laisse brûler du charbon dans une chambre sans laisser l'air se renouveler, on court le risque d'être asphyxié. Le charbon se transforme en acide carbonique, qui remplit peu à peu la chambre, et finit par donner la mort, en s'opposant à la respiration.

Les usages du charbon sont très-multipliés; partout on l'emploie comme combustible. On s'en sert dans les usines, non-seulement pour se procurer la chaleur dont on a besoin, mais encore pour dés-oxigéner les métaux, et les *réduire*. Mêlé au soufre et au salpêtre, il constitue la poudre à canon ; incorporé à l'état de noir de fumée avec les corps gras, il constitue l'encre d'imprimerie, etc., etc.

Le charbon a la propriété d'absorber les gaz ; aussi est-il très-propre à prévenir la putréfaction des eaux, des viandes, et même à désinfecter celles qui commencent à se putréfier, avantage inappré-ciable pour les voyages de long cours. Que l'on fasse bouillir de la viande *trop avancée* avec de l'eau, et que l'on y ajoute quelques charbons (braises), elle perdra sa mauvaise odeur ; que l'on filtre de l'eau bourbeuse à travers une couche de quelques pouces de charbon grossièrement pilé, et qu'on la laisse ensuite exposée à l'air pendant vingt-quatre heures, elle deviendra très-limpide et bonne à boire : c'est ce que l'on exécute à Paris sur les eaux de la Seine, qui, dans l'hiver, sont toujours chargées de beaucoup de limon. L'eau se conserve très-bien dans des tonneaux charbonnés à l'inté-rieur. Enfin, le charbon est employé avec succès pour clarifier, décolorer les liquides, particulière-ment les sirops, etc.

Phosphore.

Ce corps est très-remarquable ; il est solide, pres-que transparent ; on le moule en petits bâtons ronds et allongés. Mis en contact avec l'air dans l'obscu-rité il est lumineux ; de là vient son nom formé de deux mots grecs (*phôs, phôros*) signifiant *porte-lu-mière*. C'est Brandt, alchimiste de Hambourg, qui découvrit le phosphore, en 1669. On l'obtint d'abord en le retirant de l'urine putréfiée, ce qui rendait sa préparation coûteuse et difficile ; aussi pendant long-temps il passa pour un des objets les plus précieux et les plus curieux qu'il fût possible de voir ; on ne le trouvait que dans les laboratoires des principaux chimistes et dans les cabinets de quelques gens riches, amateurs de nouveautés. Depuis 1769, on se procure le phosphore beaucoup plus facilement, en l'extrayant des os des animaux. Le phosphore est un des corps qui exigent le plus de précautions pour être maniés ; sans une grande prudence, on risque de l'enflammer et d'être brûlé profondément. Il faut avoir soin, toutes les fois qu'on en tient un bâton avec les doigts, de le plonger fréquemment dans l'eau froide pour le maintenir sans cesse à une basse température. Si, par hasard, il prend feu, on se hâtera de laver la brûlure avec de l'ammoniaque, et la guérison sera prompte.

Comme le phosphore se combine avec l'oxigène de l'air à toute température, et finit à la longue par disparaître totalement, on a soin, pour le conserver, de le mettre dans de l'eau bouillie et refroidie sans le contact de l'air atmosphérique.

Entre autres usages, le phosphore sert à faire des briquets. Les fabricans remplissent de petits tubes en plomb avec un morceau de phosphore. En pressant contre lui une allumette soufrée, elle en détache un petit fragment, et frottée contre un bouchon elle prend feu. On donne à tort le nom de briquets phosphoriques à des briquets d'une tout autre nature et beaucoup plus répandus que les briquets phosphoriques : le phosphore n'entre pour rien dans ces briquets, la fiole renferme de l'amiante imprégné d'acide sulfurique (huile de vitriol) ; les allumettes sont enduites à leur extrémité d'une matière (chlorate de potasse et soufre), qui prend feu au contact de l'acide sulfurique. Il faut avoir soin de tenir la petite fiole bien fermée, car en la laissant ouverte, l'humidité de l'air serait absorbée par l'acide sulfurique, qui dès lors perdrait toute sa vertu.

Soufre.

Tout le monde connaît le soufre; il fond de 107 à 109° centigrades; à une chaleur plus élevée, il passe à l'état de vapeur, il se volatilise. Le soufre volatilisé et condensé ensuite s'appelle *fleur de soufre*. Lorsque le soufre brûle, c'est-à-dire se combine avec l'oxigène, il en résulte un composé gazeux, invisible, et d'une odeur suffocante, qu'on appelle *acide sulfureux*. C'est lui que l'on sent lorsqu'on met le feu à une allumette.

On trouve le soufre en grande abondance dans la nature, tantôt combiné avec d'autres corps, tantôt à l'état naturel, (à *l'état natif*, pour nous servir de l'expression technique); mais le plus souvent, lorsqu'il est à l'état natif, il est mélangé avec beaucoup de terres dont on l'extrait par la volatilisation. On extrait également le soufre des combinaisons où il se trouve engagé. Ce corps est employé à divers usages; en médecine on s'en sert surtout contre les maladies de la peau.

Chlore.

Ce corps est gazeux, d'un jaune verdâtre; sa saveur et son odeur sont désagréables, insupportables même. Lorsqu'on le respire, on éprouve un sentiment de strangulation (étranglement), et bientôt on tousse jusqu'à cracher le sang. Si on le respirait en trop grande quantité, on s'exposerait à la mort la plus douloureuse ; à petites doses, au contraire, il produit des résultats bienfaisans : il est d'une grande utilité pour désinfecter les lieux malsains. L'eau dissout ce gaz, et lorsqu'elle le tient ainsi en dissolution elle prend une couleur semblable à celle du chlore ; c'est de cette eau-là qu'on se sert comme désinfectant : en la versant, par exemple, sur un animal en putréfaction, toute mauvaise odeur est détruite. On explique cette propriété si précieuse du chlore par l'énorme affinité qu'a ce gaz pour l'hydrogène. Ce dernier entre dans la composition des miasmes putrides, et le chlore, en enlevant l'hydrogène de ces miasmes, les décompose, et par là même les détruit.

La combinaison de l'hydrogène et du chlore confirme ce que nous avons dit au commencement de ce livre sur les combinaisons en rapport simple. Ainsi, en réunissant le chlore et l'hydrogène à *volumes égaux* dans un flacon, et les exposant à la lumière diffuse, il arrive, au bout d'un certain temps, qu'il n'y a plus ni chlore ni hydrogène dans le flacon, mais un nouveau gaz que nous étudierons plus tard, et qu'on nomme *acide hydrochlorique*, dont le volume est égal à l'ensemble des volumes de l'hydrogène et du chlore. Le mélange dont nous venons de parler tout à l'heure étant exposé, non plus à la lumière diffuse mais à la lumière solaire, la combinaison des deux gaz a lieu instantanément, et le flacon éclate s'il n'est pas assez fort pour résister à la dilatation subite qu'éprouve le nouveau gaz par la chaleur due à la combinaison.

Le chlore se prépare de plusieurs manières ; nous ne pouvons entrer ici dans les détails minutieux de la préparation , pour laquelle on consultera l'ouvrage de M. Thénard ; nous nous bornerons à dire qu'il se dégage lorsqu'on chauffe un mélange de peroxide de manganèse et d'acide hydrochlorique. Alors une portion de l'oxigène du peroxide de manganèse décompose une partie de l'acide hydrochlorique, auquel il prend son hydrogène , pour laisser le chlore se dégager. Le reste de l'acide hydrochlorique se combine avec le manganèse, passé à l'état de protoxide (c'est-à-dire de premier degré de combinaison avec l'oxigène), au lieu de peroxide qu'il était d'abord (peroxide est le terme dont on se sert pour exprimer le dernier terme d'oxigénation), et donne un nouveau corps que nous verrons être un genre particulier de sel , et qu'on nomme hydrochlorate de protoxide de manganèse.

Nous avons dit que le chlore servait comme désinfectant ; il sert aussi, étant dissous dans l'eau, à blanchir les tissus de coton, de lin et de chanvre, les estampes , la pâte du papier, à faire disparaître les taches d'encre, etc.

Azote.

L'azote est un gaz qui forme les quatre cinquièmes du volume de l'atmosphère ; il a été découvert par Lavoisier, en 1775. On l'extrait de l'air. A cet effet l'on place sur l'eau une cloche remplie d'air, on fait brûler dans un petit têt un morceau de phosphore, dont la combustion absorbe l'oxigène, et laisse l'azote seul.

Ce corps entre dans l'air comme nous l'avons dit ; de plus, il fait partie de toutes les matières animales : par conséquent, si un animal carnivore n'avait à manger que des matières végétales, qui sont privées d'azote, il finirait par s'épuiser et périr ; une matière est plus ou moins nourrissante, substantielle, suivant qu'elle contient plus ou moins d'azote.

Air atmosphérique.

L'atmosphère enveloppe toute la surface de la terre ; son épaisseur est de 14 lieues environ ; elle est formée d'oxigène et d'azote ; sur 100 parties d'air, il y en a 21 d'oxigène et 79 d'azote. L'air contient en outre de la vapeur d'eau et quelques traces d'acide carbonique. L'air est, comme chacun sait, transparent, invisible, sans odeur, sans saveur, compressible et parfaitement élastique. L'air est pesant : cette propriété fut démontrée irrévocablement par Toricelli, disciple de Galilée, en 1640, au moyen de l'expérience du baromètre (Voy. la *Physique*).

L'air est nécessaire, indispensable à la vie des animaux ; son oxigène est absorbé par les poumons, où il se fait ainsi une véritable combustion, principale source de la chaleur animale. En plaçant un animal quelconque sous le récipient de la machine pneumatique, et faisant le vide peu à peu, on voit l'animal se débattre, faire des efforts pour respirer, et mourir bientôt, si on ne fait rentrer de l'air. Le plus grand usage qu'on en fasse est dans la combustion des bois, des charbons, des huiles, de la cire, des graisses ; combustion par laquelle nous nous procurons toute la chaleur artificielle dont nous avons besoin. S'il est indispensable aux animaux, il ne l'est pas moins aux végétaux ; ceux-ci décomposent surtout l'acide carbonique qu'il contient ; ils s'approprient le carbone de cet acide, et en rejettent la plus grande partie de l'oxigène.

Pour former l'air, l'azote et l'oxigène ne sont pas combinés, ils ne sont que mélangés. Nous verrons que quand ils sont combinés ils produisent un gaz qui, dissous dans l'eau, n'est autre que l'acide nitrique ou *eau forte*.

CHAPITRE II.

DES MÉTAUX.

Les métaux sont des corps simples, presque complétement opaques, très-brillans en masse, brillans même en poussière, pourvu qu'elle ne soit pas trop tenue; doués de la propriété de recevoir un beau poli et de prendre un éclat très-vif; bons conducteurs du calorique, transmettant le fluide électrique avec une rapidité extrême, capables de se combiner en diverses proportions avec l'oxigène (ces combinaisons s'appellent *oxides*, lorsqu'elles n'ont pas une saveur piquante, et *acides*, lorsque la saveur en est piquante), pour donner naissance ordinairement à des oxides qui sont ternes. Ce qui caractérise réellement les métaux, c'est que leurs oxides peuvent s'unir aux acides pour former des sels, ce qui n'a pas lieu pour les oxides non métalliques.

Les travaux des alchimistes tout occupés de la transformation des métaux en or, ont beaucoup contribué à faire connaître leurs propriétés et à en faire découvrir de nouveaux. Avant le quinzième siècle, on ne connaissait que sept métaux : l'or, l'argent, le fer, le cuivre, le plomb, l'étain et le mercure ; aujourd'hui on en connaît quarante ; cependant il faut en exclure le *silicium* et le *zirconium*, qui ne sont pas reconnus par tout le monde comme des métaux : restera toujours le nombre trente-huit.

M. Thénard partage les métaux en six sections, et cette division est fondée sur l'affinité que ces corps ont pour l'oxigène. Nous les plaçons ici :

1re Section.	Magnésium. Glucinium. Yttrium. Aluminium.
2e Section.	Calcium. Strontium. Barium. Lithium. Sodium. Potassium.
3e Section.	Manganèse. Zinc. Fer. Étain. Cadmium.
4e Section.	Arsenic. Molybdène. Chrôme. Tungstène. Columbium. Antimoine. Urane. Cérium. Cobalt. Titane. Bismuth. Cuivre. Tellure. Nikel. Plomb.

Les cinq premiers métaux de cette quatrième section donnent des acides lorsqu'ils se combinent avec l'oxigène ; les dix autres ne donnent que des oxides.

5e Section.

> Mercure.
> Osmium.

6e Section.

> Argent.
> Palladium.
> Rhodium.
> Platine.
> Or.
> Iridium.

Les métaux des deux dernières sections n'ont qu'une très-faible affinité pour l'oxigène, surtout ceux de la sixième section. Les oxides qu'ils forment sont facilement *réduits* par la chaleur, ce qui veut dire que la chaleur en sépare facilement l'oxigène, et fait revenir le métal à son état primitif.

Tous ces métaux sont solides à la température ordinaire, excepté le mercure, ou *argent-vif*, qui est liquide, et qui ne peut affecter la forme solide qu'à un froid de 39 ou 40 degrés au dessous de zéro.

Le platine est le plus dense de tous les métaux ; il pèse vingt-deux fois autant que l'eau distillée ; l'or vient après, et pèse environ vingt fois autant que l'eau.

Nous bornons là ce qui concerne les métaux en général.

CHAPITRE III.

DES COMBINAISONS DES CORPS COMBUSTIBLES LES UNS AVEC LES AUTRES.

Avant d'examiner les plus importantes de ces combinaisons, il est bon d'indiquer les dénominations dont on se sert pour les désigner.

Lorsque les corps entre lesquels la combinaison a lieu sont métalliques, le composé prend le nom *d'alliage*, et chaque alliage se distingue par les métaux qui en font partie. Exemple : *alliage de plomb et d'étain.* Quelquefois cependant l'alliage prend le nom *d'amalgame*, mais ce n'est que dans le cas où le mercure est un des métaux alliés : alors la dénomination *d'amalgame d'argent*, *d'or*, etc., remplace celle *d'alliage de mercure et d'argent; de mercure et d'or*, etc.

Lorsque le composé est solide ou liquide, et qu'il résulte de la combinaison d'un métal et d'un corps combustible non métallique, l'on donne à celui-ci une terminaison en *ure*, en le faisant suivre du nom du métal même : ainsi se forment les noms de *sulfure de plomb*, de *phosphure de plomb*, *carbure de fer*, que portent les combinaisons du soufre avec le plomb, du phosphore avec le plomb, ou du carbone avec le fer.

Des dénominations analogues s'appliquent également aux composés solides et liquides que produisent deux corps combustibles non métalliques : seulement la terminaison en *ure* se donne indistinctement à l'un des corps. Aussi désigne-t-on la combinaison du soufre et du phosphore, tantôt par le nom de *sulfure de phosphore,* tantôt par celui de *phosphure de soufre.*

Enfin, *lorsque le composé est gazeux* à la température ordinaire, on nomme d'abord le gaz ou l'un des gaz qui entrent dans sa composition, car il en contient au moins un, et l'on ajoute à ce nom celui de l'autre principe constituant terminé en *é* : de là les expressions de *gaz hydrogène phosphoré, gaz hydrogène arséniqué,* qui représentent les combinaisons gazeuzes de l'hydrogène avec le phosphore, avec l'arsenic, etc. ; bien entendu toutefois que, quand quelques-unes de ces combinaisons gazeuses sont acides, elles prennent les dénominations de ceux-ci, dénominations qui se présenteront plus tard.

Hydrogène carboné.

On connaît deux combinaisons au moins de l'hydrogène avec le carbone : la première, celle qui contient le moins de carbone, s'appelle *hydrogène proto-carboné* (*protos* en grec signifie *premier*); la seconde, qui contient deux fois autant de carbone que la première, se nomme *hydrogène bi-carboné* (*bis* en latin *deux fois*). Ces combinaisons sont gazeuses.

L'*hydrogène-proto-carboné* se trouve toujours dans les marais, où il est produit par des matières organiques en décomposition; quand on agite la vase, il vient crever sous la forme de bulles à la surface du liquide. Ce gaz brûle très-bien ; il se dégage en abondance dans certaines mines de houilles ; c'est lui qui cause des détonations effroyables dans ces mines, et fait périr les ouvriers lorsque, par malheur, ils y pénètrent sans être munis de la lampe de sûreté de Davy ; on l'appelle alors *feu grisou* : c'est ce gaz qui, arrivant de profondeurs inconnues, donne lieu aux feux naturels que l'on voit en Italie sur la pente septentrionale des Apennins sortir des marécages connus sous le nom de *alze* : ces feux existent dans un très-grand nombre d'autres lieux.

L'*hydrogène bi-carboné* est un gaz incolore, invisible comme le premier, qui brûle en donnant lieu à une belle flamme blanche. Il est employé en grand pour l'éclairage ; à cet effet, on calcine dans de vastes cylindres en fonte de gros blocs de houille, et l'hydrogène bi-carboné qui résulte de cette calcination se rend par des tuyaux sous une vaste cloche ou réservoir (gazomètre), d'où il est ensuite distribué, par une série multipliée de tuyaux, à tous les endroits que l'on veut éclairer. La houille, après la calcination, s'appelle du *coke ;* mais le gaz obtenu ainsi est loin d'être pur, c'est ce qui explique cette odeur particulière, souvent désagréable, que l'on sent dans les endroits éclairés par lui ; en effet la distillation de la houille, outre l'hydrogène carboné, donne encore de l'hydrogène, de l'oxide de carbone, de l'hydrogène sulfuré, etc. Ce dernier a une odeur infecte, et lorsqu'il brûle, il donne lieu à de l'acide sulfureux, gaz qui se produit quand on brûle une allumette, dont l'odeur est aussi très-désagréable, et qui, en outre, attaque les couleurs vives des tissus ; ce sont là de graves inconvéniens que comporte l'éclairage par le gaz.

On ne connaît d'autre moyen d'obtenir l'hydrogène bi-carboné parfaitement pur, qu'en soumettant à une douce chaleur un mélange d'une partie, en poids, d'alcool (esprit de vin) et de quatre parties d'acide sulfurique concentré, et faisant passer le gaz à travers une dissolution de potasse.

Hydrogène phosphoré.

On connaît deux combinaisons de l'hydrogène avec le phosphore ; elles sont gazeuses : la première s'appelle *hydrogène proto-phosphoré*, la seconde *hydrogène per-phosphoré* (le mot *per* devant un composé indique que cette combinaison contient la plus grande quantité possible du corps devant lequel est placé le mot *per*, qui, en latin, signifie *beaucoup, le plus*). Nous ne parlerons que de celle-ci, qui est la plus remarquable.

Le gaz hydrogène per-phosphoré est sans couleur. Son odeur est très-forte, analogue à celle de l'ail ; sa saveur est amère ; à la température ordinaire, il s'enflamme spontanément au contact de l'air. On le prépare en chauffant doucement un mélange de phosphore coupé en petits morceaux, et de chaux éteinte avec de l'eau et mise en bouillie. La figure 4 représente l'expérience ; le mélange est dans la fiole, d'où le gaz se rend par un tube de verre au dessous de l'eau, et arrive dans la petite éprouvette placée au dessus. Si l'on retire l'éprouvette, chaque bulle de gaz qui se dégagera donnera lieu à une flamme très-vive, suivie (si l'air est bien tranquille) d'une couronne de vapeurs qui va toujours en s'élargissant à mesure qu'elle monte.

On prétend que le gaz hydrogène per-phosphoré se forme quelquefois dans les lieux où l'on a enfoui des matières animales, et que, conduit par les fissures du terrain dans l'atmosphère, il s'y enflamme. On explique ainsi ce qu'on appelle *diablotins, feux follets*, que l'on observe surtout dans les cimetières bas et humides. Les nerfs, la cervelle contiennent du phosphore qui, s'unissant avec l'hydrogène au moment de la décomposition putride, donne lieu à cet hydrogène phosphoré.

De l'Acier et de la Plombagine.

Le carbone se combine en des proportions très-différentes avec le fer : les principales combinaisons sont : l'acier, ou *proto-carbure de fer*, et la plombagine, ou mine à crayon qui est un *per-carbure de fer*. Le meilleur acier contient de cinq à six millièmes de son poids de charbon. La plombagine est formée de huit parties de fer, et de quatre-vingt-douze parties de charbon. C'est à tort qu'on l'appelle *mine de plomb*.

L'acier est, comme chacun sait, très-brillant, susceptible d'un beau poli ; très-ductile et très-malléable avant l'opération de la *trempe*.

Lorsqu'on expose l'acier à l'action d'une chaleur rouge, et qu'on le refroidit subitement, ses propriétés changent ; il devient très-élastique, plus dur, moins dense, moins ductile et moins malléable qu'il n'était, souvent même il devient cassant ; son tissu est toujours plus fin et plus serré qu'auparavant : on dit alors de l'acier, qu'il est *trempé*. L'expérience prouve qu'on le trempe d'autant plus qu'on lui fait subir un changement de température plus grand et plus brusque.

Il est tout aussi facile de détremper l'acier que de le tremper ; il suffit pour cela de le chauffer jusqu'au rouge, et de le laisser refroidir lentement ; il reprend ainsi ses propriétés primitives.

Nous n'entrerons pas ici dans les détails des divers procédés employés pour faire l'acier, nous nous bornerons à dire qu'on le prépare, par exemple, en exposant long-temps à de très-fortes chaleurs des barres de fer séparées par des couches très-peu épaisses d'un *cément*, mélange formé presque en totalité de charbon.

L'acier damassé est celui dont on se sert pour faire les damas en Orient; sa surface est moirée: on l'appelle encore *wootz* (qu'on prononce *houtz*) ou *acier de l'Inde*. Cet acier est plus carburé que l'acier ordinaire; on en a ignoré long-temps le secret en France et en Europe; aujourd'hui on sait très-bien le fabriquer.

DES ALLIAGES.

Nous ne parlerons que des principaux, en commençant par l'alliage du mercure et de l'étain qu'on nomme *amalgame d'étain*, ainsi que nous l'avons vu au commencement de ce chapitre. On se sert de cet amalgame pour étamer les glaces ou les mettre au *tain* : d'abord on étend une feuille d'étain sur une table bien horizontale ; ensuite on verse sur toutes les parties de cette feuille une certaine quantité de mercure ; celui-ci y adhère par sa tendance à s'unir à l'étain, et y forme une couche assez épaisse ; puis l'on glisse une glace de manière à couper cette couche en deux, et enfin on charge la glace de poids : bientôt la feuille d'étain se combine intimement avec le mercure, et forme un amalgame qui s'attache fortement à l'une des parois de la glace, et lui donne la propriété de réfléchir l'image des objets placés devant elle.

Amalgame d'argent. Mou, blanc, très-fusible, cristallise facilement, se décompose par la chaleur, n'éprouve aucune action dans son contact avec l'air; s'obtient en chauffant jusqu'au rouge une partie d'argent en grenaille, projetant successivement cette grenaille dans 12 à 15 parties de mercure chauffé à environ 200°, et comprimant ensuite le mélange pour le faire passer à travers une peau de chamois. Le mercure en excès passe à travers la peau, et l'amalgame mou reste dans ce *nouet*.

Amalgame d'or. Même chose que celui d'argent, à cela près que l'or est un peu plus soluble que l'argent dans le mercure. Cet amalgame est employé pour dorer le cuivre jaune ou laiton. On commence par chauffer le laiton jusqu'au rouge pour détruire les corps gras dont il pourrait être recouvert ; mais comme il s'oxide en même temps que la graisse brûle, pour le *décaper* on le plonge dans l'acide nitrique, ou dans l'acide sulfurique faible, après quoi on le lave et on le sèche en le frottant avec du son ou de la sciure de bois. On mouille le laiton avec du nitrate de mercure, et l'on applique dessus, et partout, de l'amalgame avec une gratte-bosse ; d'autres doreurs ne font usage que d'amalgame mêlé d'un peu d'acide nitrique. On chauffe ensuite progressivement la pièce pour pouvoir étendre plus facilement l'amalgame, et volatiliser le mercure. Au sortir du feu, les uns font bouillir la pièce dans l'eau, d'autres dans la décoction de réglisse, d'autres dans celle de farine de marron d'Inde ; tous la frottent pour la nettoyer. La pièce sort de cette opération d'un jaune sale, on lui donne la couleur de l'or en la couvrant d'une bouillie composée d'eau, de sel de nitre et d'alun, l'exposant au feu, la traitant par l'eau chaude et l'essuyant.

Alliage de cuivre et d'étain. 100 parties de cuivre, et 11 d'étain forment en France le métal des canons. 78 parties de cuivre et 22 d'étain donnent le métal des cloches.

Les instrumens, tels que les cymbales, les timbres d'horloge, etc.; sont formés de 80 parties de cuivre et de 20 parties d'étain. Le *tamtam* a la même composition, c'est un disque qui a un creux au milieu, et dont les bords sont relevés; il est peu épais, et se fabrique sous le marteau après avoir été *trempé*, c'est-à-dire chauffé au rouge et refroidi subitement. Nous avons vu que la trempe ôtait à l'acier *sa malléabilité*, ici c'est le contraire: avant la trempe, l'alliage est cassant; après, il est très-malléable. Il est plus ou moins sonore suivant la trempe; cet instrument frappé dans son creux rend un son qui augmente, et va toujours grossissant; il sert en Chine pour appeler les habitans à la prière. On l'emploie à l'orchestre de l'Opéra; il sert aussi pour ajouter à la solennité dans les enterremens d'hommes marquans.

L'étamage ordinaire n'est autre chose qu'une couche mince d'étain mise sur les ustensiles de cuivre; il empêche le contact de l'air et des graisses avec le cuivre; contact qui pourrait donner lieu à la formation du vert-de-gris. Pour étamer on décape le cuivre, on le recouvre de sel ammoniaque pour empêcher l'oxidation, et on verse dessus de l'étain, en tenant toujours la pièce de cuivre sur le feu; on étend l'étain en frottant avec de l'étoupe.

Le fer-blanc n'est autre chose que de la tôle, ou fer laminé, recouverte d'une couche d'étain. Pour l'obtenir, on décape la tôle, on la recouvre d'une couche de suif, et on la plonge dans un bain d'étain fondu recouvert lui-même de suif.

Rien de plus facile que de *moirer* le fer-blanc: on fait un mélange de 2 parties d'acide nitrique, 3 d'acide hydrochlorique, et 8 d'eau, et on en lave la pièce que l'on veut moirer ; la première couche d'étain étant enlevée, les couches suivantes qui sont cristallisées sont mises à découvert : de là ces dessins si variés ; qu'ensuite on recouvre d'un vernis.

Alliage d'imprimerie: 80 parties de plomb et 20 d'antimoine donnent l'alliage des caractères d'imprimerie, qui seraient trop mous s'ils n'étaient composés que de plomb, et trop durs s'ils n'étaient composés que d'antimoine.

Le *laiton*, qu'on appelle encore *similor*, *or de Manheim*, *cuivre chinois*, etc., contient sur 100 parties 75 de cuivre, et 25 de zinc.

Il est jaune, très-malléable à froid, mais il se forge mal, s'égrène à chaud, probablement parce qu'il laisse dégager un peu de zinc lorsqu'il est soumis au feu de forge. On le prépare en chauffant directement dans un creuset le cuivre et le zinc. On peut aussi employer le cuivre, l'oxide ou le carbonate de zinc, mais il faut ajouter du charbon ; quelquefois cet alliage renferme du plomb, il est alors plus cassant ; les tourneurs le préfèrent. On parvient à donner au laiton une apparence qui peut le faire confondre avec l'or, pour cela on le plonge dans l'acide nitrique, on le lave dans l'eau, ensuite on le plonge dans du son, et on le couvre d'un vernis formé d'esprit de vin et de résine.

Les monnaies d'or et d'argent, les vaisselles, les divers ustensiles faits avec ces métaux précieux, les bijoux, contiennent toujours du cuivre ; le cuivre les rend plus durs. Les monnaies d'or et d'argent contiennent, sur 10 parties, 1 de cuivre et 9 de fin. La loi accorde 3 millièmes d'erreur au dessus ou au dessous du *titre* ; passé ce terme la monnaie n'est pas au titre, et doit être coupée.

L'alliage des vaisselles d'or et d'argent contient, sur 100 parties, depuis 75 jusqu'à 84 de fin et le reste (25 à 16) de cuivre. Les bijoux doivent contenir, sur 10 parties, 8 de fin et 2 de cuivre. Un vérificateur du gouvernement essaie ces divers alliages pour les marquer s'ils sont au titre, et pour les couper dans le cas contraire. Tout objet coupé doit être refondu, de même que la monnaie qui n'a pas le titre voulu par la loi. Nous ne pouvons donner ici la manière de faire ces essais dans lesquels on procède par une méthode tellement sûre que la plus petite erreur devient impossible à celui qui en a un peu l'habitude. L'essayeur ou vérificateur du gouvernement est responsable des monnaies ou des ustensiles d'or ou d'argent qu'il contrôle.

CHAPITRE IV.

Nous allons passer maintenant à de nouvelles combinaisons ; et, avant de les entamer, nous allons donner les dénominations dont on se sert pour les exprimer.

Le résultat de la combinaison d'un corps simple métallique ou non métallique avec l'oxigène s'appelle *acide*, lorsque cette combinaison est aigre, piquante, après avoir été, au besoin, étendue d'eau, et que, comme le vinaigre, elle rougit la couleur bleue de tournesol ; si, au contraire, le composé n'est pas aigre, et qu'alors, loin de rougir la couleur de tournesol, il ramène au bleu celle qui aurait été rougie par un acide, on le nomme *oxide*.

Lorsqu'un corps combustible, en se combinant avec l'oxigène, ne peut former qu'un oxide, on désigne celui-ci par le nom de ce corps même ; ainsi, l'oxide gazeux composé d'oxigène et de carbone porte le nom de ce corps même : on l'appelle *oxide de carbone* ; mais si le corps combustible peut se combiner en plusieurs proportions avec l'oxigène et former plusieurs oxides, par exemple, trois : le premier, ou le moins oxigéné, s'appelle *protoxide*, le second *deutoxide* (de *deutos* en grec *deuxième*) et le troisième *tritoxide* (de *tritos, troisième*); le plus oxigéné, quel que soit le nombre des oxides, s'appelle encore *peroxide*. De là, pour exprimer les trois oxides de plomb, les expressions de *protoxide de plomb, deutoxide de plomb, tritoxide* ou *peroxide de plomb*.

Voyons maintenant la nomenclature des acides. Un corps combustible ne peut-il donner qu'un acide? le nom de ce dernier se forme du mot générique *acide*, auquel on joint le nom français ou latin du corps combustible auquel ou donne la terminaison *ique* ; nous citerons pour exemple l'*acide carbonique*, qui est le seul acide que produise l'oxigène en s'unissant au carbone. Le corps combustible peut-il, au contraire, se combiner en plusieurs proportions avec l'oxigène et former deux acides ? le plus oxigéné se désigne par la terminaison *ique*, comme le précédent, et le moins oxigéné par la terminaison *eux*. Si donc il existait un acide de carbone moins oxigéné que l'acide carbonique, son nom serait *acide carboneux*. Mais l'autre combinaison que forment le carbone et l'oxigène n'est pas acide, c'est l'oxide de carbone, dont nous venons de parler. Elles sont gazeuzes, l'une et l'autre.

Lorsque la nomenclature chimique, que nous avons déjà vue en partie, fut établie (c'est Guyton de Morveau qui en eut l'heureuse idée en 1780), on ne connaissait que des acides dus à la combinaison de l'oxigène avec les corps combustibles métalliques ou non métalliques ; mais depuis on en a découvert d'autres, et l'on s'est décidé à composer leurs noms de ceux de leurs principes constituans, et à leur donner la même terminaison qu'aux autres acides. D'après cela celui que forment l'hydrogène et le chlore s'appelle acide *hydro-chlorique*.

Cela dit, passons à l'examen des oxides et des acides donnés par les corps simples non métalliques ; nous verrons ensuite les oxides et les acides donnés par les corps métalliques.

Eau.

L'eau est une combinaison d'oxigène et d'hydrogène ; c'est un *protoxide*, ou premier oxide d'hydrogène. Jusqu'en 1781, l'opinion émise par les anciens sur la nature de l'eau, à savoir que c'est un élément, ne fut mise en doute par personne. Cavendish, en Angleterre, et Monge, en France, trouvèrent les premiers qu'elle était formée par la combinaison de l'oxigène avec l'hydrogène, mais sans déterminer dans quelles proportions. Lavoisier, quelques années après, s'en occupa, et l'on sait aujourd'hui qu'en réunissant deux volumes d'hydrogène à un volume d'oxigène il se forme deux volumes de vapeur d'eau. Cette union des gaz s'opère aujourd'hui de beaucoup de manières ; si l'on met le feu à un mélange d'hydrogène et d'oxigène, fait dans les proportions que nous indiquons, on entend une détonation violente, et le vase dans lequel se trouve le mélange doit avoir des parois très-solides pour n'être pas brisé, et ne pas voler en éclats.

On produit également la combinaison de l'oxi-gène et de l'hydrogène, en faisant passer l'étincelle électrique dans leur mélange.

L'eau se présente sous les trois états solide, li-quide et gazeux. Le froid la rend solide, mais son état habituel est celui de liquide ; dans l'atmosphère elle existe à l'état de vapeur. C'est pour cela qu'un corps porté d'un endroit froid dans un endroit chaud se couvre d'humidité, parce qu'étant froid il fait condenser la vapeur qui se trouve dans l'at-mosphère et qui se dépose sur lui.

L'eau n'est jamais pure, si ce n'est l'eau de pluie, qui ne contient que de l'air ; toute eau qui sort de terre contient plus ou moins de matières étrangères en dissolution. L'eau de savon sert ordinairement à reconnaître si une eau est chargée de matières étrangères ; il suffit d'en verser une goutte dans l'eau qu'on veut essayer, et qui devient trouble dans le cas ou elle n'est pas pure. La propriété qu'a l'eau de se vaporiser par la chaleur, fait qu'on peut la purifier, la distiller. Distiller un corps, c'est le sé-parer des matières étrangères non susceptibles de vaporisation avec lesquelles il est mélangé. Pour opé-rer la distillation, on place le corps dans un réser-voir, comme une *cornue* ; on chauffe ce réservoir, le corps se réduit en vapeurs que l'on dirige par un conduit dans un réservoir plus froid où ces vapeurs se condensent, et le corps est distillé. L'*alambic* n'a pas d'autre principe.

L'eau dissout presque tous les corps, quel que soit leur état ; elle dissout l'air, c'est ce qui permet aux poissons de vivre dans le sein des eaux ; ils respirent, au moyen de leurs branchies, cet air dissous dans l'eau. Un certain volume d'eau dis-sout à peu près la vingt-sixième partie de son vo-lume d'air.

En général, les eaux en mouvement sont meilleures que les eaux stagnantes, à moins que celles-ci ne soient en contact avec l'air ; il faut, en outre, qu'avec le contact de l'air elles ne contiennent pas de dépôts de matières animales ou végétales. Les citernes des pays où l'eau est rare sont fermées, aussi leurs eaux sont-elles fétides au bout de quelques jours ; cependant on peut les rendre potables en les agitant, en les aérant. L'eau qui ne contient pas d'air est mauvaise au goût, elle n'est pas salutaire.

L'eau est à son maximum de densité à 4° environ au dessus de zéro. A cette température un litre d'eau pèse un kilogramme.

L'eau est décomposée par plusieurs corps simples, mais notamment par le fer ; lorsqu'on la fait passer, réduite en vapeurs, sur ce métal en *fil* et exposé à la chaleur rouge dans un tube de porcelaine, l'oxigène est absorbé par le fer qui passe alors à l'état d'*oxide*, de *fer rouillé* (la rouille n'est autre chose que de l'oxide de fer), et l'hydrogène se dégage ; c'est même, pour obtenir ce dernier gaz, un moyen que l'on emploie souvent dans *les laboratoires de chimie*.

L'oxigène se combine dans une autre proportion avec l'hydrogène, et donne un *deutoxide d'hydrogène*, découvert par M. Thénard. Nous ne nous arrêterons pas sur ce composé, dont les propriétés sont très-curieuses, mais qui est peu utilisé encore.

Oxide de carbone. Ce corps est un gaz incolore, inodore ; il se forme dans la décomposition des matières animales et végétales ; dans la combustion lente, on le voit brûler avec une flamme bleue au dessus du charbon, lorsque celui-ci commence à s'allumer.

Oxides d'azote. L'azote forme plusieurs combinaisons avec l'oxigène ; elles sont au nombre de cinq, parmi lesquelles on compte deux oxides et trois acides. Parmi les oxides d'azote, le *deutoxide* joue un rôle important dans la fabrication de l'acide sulfurique. Cet oxide est incolore de sa nature, mais aussitôt qu'il est mis en contact avec l'air, il devient rutilant, change de nature et passe à l'état d'acide *nitreux* ou *acide formé par la réunion d'un volume d'azote à deux volumes d'oxigène.* On obtient le deutoxide d'azote, en enlevant à l'acide nitrique, qui est la plus forte combinaison de l'oxigène avec l'azote, une portion de son oxigène, pour le ramener à l'état de deutoxide d'azote ; or, beaucoup de métaux peuvent remplir ce but. Le cuivre est celui que l'on emploie ordinairement ; on prend de la tournure de cuivre, on la met dans un flacon à deux tubulures, on verse dessus de l'acide nitrique au moyen d'un tube qui plonge dans le flacon, on adapte au flacon un tube en verre (*fig.* 5) qui, se rendant sous l'eau d'une cuve, laisse monter le gaz dans une cloche qu'il remplit. Une portion de l'acide nitrique est décomposée en oxigène qui se porte sur le cuivre pour l'oxider, et en deutoxide d'azote qui se dégage. L'oxide de cuivre se combine ensuite avec l'acide nitrique en excès, et forme un sel d'une belle couleur bleue, qu'on appelle *nitrate de cuivre.*

CHAPITRE V.

ACIDES NON MÉTALLIQUES.

Acide carbonique.

C'est le premier des gaz qu'on ait appris à distinguer de l'air ; sa découverte remonte à 1745. Il est formé d'un volume de vapeur de carbone et d'un volume d'oxigène; ces deux volumes sont condensés (réduits) eu un seul. On le rencontre en abondance dans la nature, soit libre, comme dans certaines grottes, soit combiné avec d'autres corps, comme dans la pierre à chaux ou carbonate de chaux. Sa densité est plus grande que celle de l'air, c'est pourquoi il se tient toujours dans les lieux bas. Tout corps allumé plongé dans ce gaz s'y éteint subitement. Tout animal qui y reste quelque temps est asphyxié. Ce gaz se produit en abondance dans la fermentation, et remplit les cuves où l'on fait fermenter les raisins; aussi est-il dangereux d'y entrer. On est sûr qu'il n'y a pas d'acide carbonique là où une bougie peut brûler avec facilité; il est donc très-utile de faire, par ce moyen, l'essai d'un puits, par exemple, où l'on a besoin de descendre pour des réparations.

L'acide carbonique est invisible comme l'air, il a une légère saveur aigrelette; de là vient que les eaux de Seltz, les bières, les cidres, les vins mousseux sont aigrelets. Tous ces liquides doivent la propriété qu'ils ont de mousser à l'acide carbonique qu'ils renferment, et qui tend à se dégager sous forme de bulles.

L'acide carbonique se prépare de plusieurs manières, soit en calcinant du marbre, de la craie, qui perdent par la chaleur leur acide carbonique, et passent à l'état de chaux; soit en versant peu à peu de l'acide hydrochlorique sur du marbre concassé mis dans un flacon avec de l'eau destinée à affaiblir l'acide. La manière de recueillir ce gaz ressemble à celles que nous avons déjà vues pour les autres gaz dont il a été question.

Acide phosphorique.

Le phosphore donne quatre combinaisons acides

avec l'oxigène ; la plus importante est la dernière, c'est-à-dire celle qui renferme le plus d'oxigène, et qu'on nomme acide phosphorique ; c'est lui qui forme ces vapeurs abondantes que l'on aperçoit lorsqu'on met le feu à un morceau de phosphore.

Acides formés par l'azote avec l'oxigène.

On compte trois acides formés par l'azote avec l'oxigène ; le plus oxigéné s'appelle *acide nitrique*, le second, *acide nitreux*, et le troisième, *acide hypo-nitreux* (*hypo* en grec *sous*; c'est donc comme si l'on disait acide *sous-nitreux*). On devrait dire acide azotique, acide azoteux, acide hypo-azoteux, pour se conformer aux règles de la nomenclature que nous avons fait connaître précédemment ; mais comme l'acide nitrique était connu depuis long-temps sous le nom d'*eau forte* ou d'*esprit de nitre*, les auteurs de la nomenclature ont conservé le mot nitre pour en déduire les noms des acides fournis par l'azote.

Les combinaisons de l'azote et de l'oxigène sont trop remarquables pour que nous ne nous arrêtions pas un instant sur leur ensemble : nous avons déjà parlé de deux oxides fournis par l'azote ; nous venons de citer trois acides : cela fait donc en tout cinq combinaisons diverses de l'azote avec l'oxigène, et elles ont lieu de telle sorte que si l'on prend une certaine quantité d'azote, puis la quantité d'oxigène qui se combine avec cet azote, pour donner le protoxide, et qu'on l'appelle une *proportion* d'oxigène, les autres combinaisons contiendront toujours la même quantité d'azote, mais le deutoxide contiendra deux proportions d'oxigène, l'acide hypo-nitreux quatre, et enfin l'acide nitrique cinq. Cela a lieu, soit que l'on considère les gaz en volume, soit qu'on les considère en poids. Ainsi les quantités d'oxigène dans les cinq combinaisons de l'azote avec ce gaz, sont entre elles dans les rapports 1, 2, 3, 4, 5, rapports très-simples comme on voit.

L'*acide nitreux* est un gaz rutilant (roux), dont la saveur est piquante , désagréable , et qui attaque la poitrine ; il est plus pesant que l'air. Il se produit toutes les fois que l'on calcine un nitrate anhydre , c'est-à-dire ne contenant point d'eau de combinaison, comme le nitrate de plomb, par exemple, bien desséché ; il faut aussi opérer dans un vase bien desséché ; la chaleur dégage l'acide de la base, et comme l'acide ne peut exister sans eau combinée , il se décompose en oxigène et acide nitreux , il reste dans la cornue de l'oxide de plomb.

Acide nitrique.

Cet acide, désigné encore dans le commerce sous le nom d'*eau forte* , est très-caustique ; il ne peut exister qu'autant qu'il est combiné avec l'eau ; en d'autres termes, cinq proportions d'oxigène et une proportion d'azote ne peuvent se réunir qu'autant qu'elles sont en présence d'une proportion d'eau (c'est une quantité d'eau dans laquelle il y a une proportion d'oxigène égale à l'une de celles qui sont unies avec l'azote). On dit que l'acide est *très-concentré*, lorsqu'il ne renferme que cette quantité d'eau ; si l'on y ajoute une nouvelle quantité de ce liquide, on dit qu'il est *étendu* ; alors il perd de sa force, de sa causticité. L'acide nitrique concentré est très-avide d'eau , il l'absorbe en produisant de la chaleur. Il ne faut donc pas laisser un flacon d'acide nitrique ouvert, car il perdrait toute sa force en absorbant de la vapeur répandue dans l'atmosphère. Lorsqu'on ouvre un flacon d'acide nitrique *concen-*

tré, on aperçoit aussitôt des vapeurs blanches dues à la combinaison liquide qui se forme entre la vapeur acide qui se dégage du flacon, et la vapeur aqueuse répandue dans l'atmosphère. Un acide faible ne donne que peu ou point de ces vapeurs blanches.

L'acide nitrique, dans son plus grand état de concentration, est liquide, blanc, odorant; très-sapide et corrosif. Il désorganise presque subitement la peau, et la tache en jaune : c'est aussi un des plus violens poisons que l'on connaisse. Il boût à 86 degrés; lorsqu'on l'expose à la chaleur rouge, il se décompose tout à coup, et se transforme en acide nitreux et en oxigène. La lumière solaire agit sur l'acide nitrique comme la chaleur rouge ; elle le transforme en gaz oxigène qui se dégage, qui s'en va, et en acide nitreux qui reste en partie dissous dans l'acide nitrique non décomposé, et le colore en brun. On conçoit, d'après cela, qu'il ne faut pas laisser des flacons remplis d'acide nitrique exposés à une lumière vive.

L'oxigène n'est pas très-fortement uni à l'azote dans l'acide nitrique; la preuve, c'est que, dans beaucoup de cas, la plupart des corps simples métalliques ou non métalliques décomposent cet acide et absorbent son oxigène. Son action sur les métaux a presque toujours lieu à la température ordinaire. Les métaux qui ne décomposent pas cet acide, soit à la température ordinaire, soit à l'aide de la chaleur, sont : le chrôme, le tungstène, le columbium, le cérium, le titane, l'osmium, le rhodium, l'or, le platine et l'iridium. Dans chaque cas, il résulte de l'action de l'acide nitrique sur les métaux, du gaz oxidé d'azote, ou du gaz azote et un oxide métallique, qui le plus souvent se combine avec l'acide nitrique, et s'y dissout. Dans tous les cas, il y a un plus ou moins grand dégagement de calorique ; c'est surtout avec les métaux de la première section que l'action est la plus vive et la plus subite, et le dégagement de chaleur considérable ; cela n'a rien d'étonnant, si l'on se rappelle combien ces corps ont d'affinité pour l'oxigène.

L'acide nitrique s'extrait du *nitrate de potasse* ou salpêtre, en traitant ce sel par l'acide sulfurique à une température élevée. L'acide sulfurique s'empare de la potasse, et forme du sulfate de potasse, tandis que l'acide nitrique se dégage sous forme de vapeurs qu'on reçoit dans des récipiens. Nous ne pouvons nous étendre davantage sur cette préparation, pour laquelle on consulterait l'ouvrage de M. Thénard, si l'on voulait en approfondir les détails. Aujourd'hui cependant on l'extrait du nitrate de soude, qui se trouve très-abondamment au Pérou, qui nous l'envoie. Le procédé est le même, mais il y a une grande économie.

L'acide nitrique est employé pour dissoudre un grand nombre de métaux ; on s'en sert avec succès pour détruire les verrues ; c'est un des meilleurs réactifs que possède le chimiste ; il en fait un continuel usage.

Acides du soufre.

Il existe quatre acides qui ont le soufre pour radical ; en d'autres termes, l'oxigène, en se combinant avec le soufre, peut donner lieu à quatre acides différens, savoir : l'acide hypo-sulfureux, l'acide sulfureux, l'acide hypo-sulfurique et l'acide sulfurique. Leur composition est telle que, pour une proportion de soufre, ils contiennent : le premier, 1 proportion d'oxigène ; le second, 2 proportions ; le troisième, 2 1/2, et le quatrième, 3. Les plus importans sont l'acide sulfureux, et surtout l'acide sulfurique.

Acide sulfureux. C'est un gaz incolore, doué d'une odeur suffocante ; il excite la toux et resserre la poitrine ; il se forme toutes les fois que le soufre brûle. Ce gaz peut devenir liquide par le froid ; mais à 10° il redevient gazeux, en produisant un très-grand froid, capable de congeler le mercure. Ce gaz ne se trouve presque jamais qu'autour des volcans et dans les solfatares ; il y est produit par la combustion du soufre, que la chaleur volcanique dégage presque continuellement.

Acide sulfurique. De tous les acides, voici le plus important et celui dont les usages sont les plus nombreux. Sa découverte remonte à la fin du quinzième siècle : on l'attribue à Basile Valentin, fameux alchimiste.

Cet acide peut exister sous deux états : 1° solide, anhydre ou sec, sous la forme de longues aiguilles blanches, tel enfin qu'on le retire de l'acide sulfurique de Nordhausen en Saxe ; 2° liquide, ou combiné avec une certaine quantité d'eau, tel qu'il existe ordinairement et tel qu'on l'obtient pour les usages des arts et des laboratoires. Nous ne le considérerons que sous ce dernier état.

L'acide sulfurique liquide est transparent, inodore ; son apparence est celle de l'huile ; c'est pour cela qu'à l'origine on l'appelait *huile de vitriol*. C'est un des plus violens caustiques que l'on connaisse ; il désorganise sur-le-champ toutes les matières animales et végétales. Aussi l'animal qui en prendrait, même une très-petite quantité, périrait-il promptement au milieu d'horribles convulsions ; si par malheur une personne en avalait, il faudrait sur-le-champ lui faire boire beaucoup d'eau pour diminuer l'effet de l'acide, et préparer bien vite de l'eau de savon pour la lui faire boire également. Cet acide est plus pesant que l'eau ; il ne bout qu'à une forte chaleur, environ 300°; c'est pour cela qu'il n'est pas volatil et ne donne pas de vapeurs blanches, comme l'acide nitrique. Son affinité pour l'eau est très-grande ; et lorsqu'on laisse un flacon d'acide sulfurique ouvert, il absorbe continuellement la vapeur d'eau contenue dans l'air, et peut ainsi augmenter considérablement de volume; mais en même temps il perd toute sa force ; de concentré, il devient étendu d'eau, et n'a qu'une faible action dans tout usage qu'on peut en faire. C'est pour cela qu'il ne faut pas laisser ouvertes les petites fioles des briquets; au bout de quelques heures, on ne pourrait enflammer les allumettes qu'on y plongerait.

C'est principalement sur les métaux que l'action de l'acide sulfurique est énergique. En mettant l'acide sulfurique, étendu d'une certaine quantité d'eau, en contact avec les métaux des trois premières sections, à la température ordinaire, l'eau est décomposée, son oxigène se porte sur le métal, forme un protoxide qui se combine avec l'acide sulfurique, d'où résulte un *sulfate du protoxide de ce métal;* enfin, l'hydrogène se dégage ; c'est le moyen d'avoir ce gaz. L'étain et les métaux des trois dernières sections n'ont aucune action, à froid, sur l'acide sulfurique. Il est indispensable que l'acide soit étendu pour produire les effets que nous venons d'indiquer sur les métaux des trois premières sections.

À une température de 100 à 200°, presque tous les métaux décomposent l'acide sulfurique en acide sulfureux, qui se dégage, et en oxigène, qui se porte sur le métal pour en former un oxide qui se combine avec l'acide excédant. Ceci est un moyen, comme on le voit, de se procurer l'acide sulfureux très-pur.

Nous dirons quelques mots sur les principes qui servent à la préparation de l'acide sulfurique. Cette préparation est fondée sur les produits qui résultent de l'action réciproque du deutoxide d'azote, de l'air dont l'oxigène transforme ce deutoxide en acide nitreux, du gaz acide sulfureux et de l'eau. Suivant MM. Clément et Desormes, qui se sont beaucoup occupés de la fabrication de l'acide sulfurique, le gaz acide nitreux sec n'a aucune action sur le gaz acide sulfureux également sec ; mais si l'on met ces gaz en contact avec une très-petite quantité d'eau dans un vase convenable, dans un ballon de verre, par exemple, tous ces corps agissent subitement les uns sur les autres. Le gaz acide nitreux cède une portion de son oxigène à l'acide sulfureux, et de là résultent du deutoxide d'azote et de l'acide sulfurique ; lesquels, se combinant avec l'eau, forment une multitude de flocons blancs qui tombent sur les parois du ballon, et s'y attachent sous forme d'aiguilles cristallines. Si l'on verse de l'eau sur ces petits cristaux, elle dissout l'acide sulfurique ; celui-ci abandonne alors le deutoxide d'azote, qui reprend l'état gazeux. Il suit de là qu'au moyen d'une très-petite quantité de deutoxide d'azote, on pourra transformer une grande quantité d'acide sulfureux en acide sulfurique, pourvu toutefois que ce gaz acide soit mêlé avec ne grande quantité d'oxigène. M. Gay-Lussac, l'un des plus grands chimistes de l'Europe, regarde les cristaux dont nous venons de parler comme formés d'acide sulfurique, d'eau et d'acide nitreux. Il a été conduit à cette persuasion par une expérience qui ne laisse rien à désirer. En admettant la manière de voir de cet illustre chimiste, l'oxigénation de l'acide sulfureux se fait entièrement aux dépens de l'oxigène de l'air, sous l'influence de la vapeur aqueuse et de la vapeur nitreuse ; et au moment de l'addition de l'eau, une partie de l'acide nitreux se dégage en raison de la chaleur produite, tandis que l'autre est transformée en acide nitrique et en deutoxide d'azote.

Dans le commerce, la fabrication de l'acide sulfurique se fait dans de grandes chambres de plomb dont le sol est recouvert d'eau, et dans lesquelles on produit de l'acide sulfureux, et du deutoxide d'azote (qui passe à l'état d'acide nitreux au moyen de l'air) en chauffant un mélange de 8 parties de soufre et de 1 partie de nitrate de potasse (Voir les ouvrages de MM. Thénard et Dumas pour de plus amples détails).

Hydracides.

On appelle hydracides les acides formés par la combinaison d'un corps simple avec l'hydrogène, il en existe plusieurs, et de très-énergiques. Nous n'en citerons que deux.

Acide hydro-sulfurique. On le désigne souvent par le nom d'*hydrogène sulfuré*; il est gazeux, sans couleur; son odeur et sa saveur sont insupportables, et analogues à celles des œufs pourris. C'est un des gaz les plus délétères. Un oiseau plongé dans de l'air qui contient un quinze-centième de ce gaz périt sur-le-champ; un chien de moyenne taille succombe dans un air qui en contient un huit-centième; et un cheval finirait par mourir dans un air qui n'en contiendrait que un deux-centième de son volume; une petite quantité peut faire mourir un homme; et lorsqu'une personne a respiré de l'hydrogène sulfuré en trop grande quantité, il faut pour la guérir presque subitement, lors même qu'elle ne donnerait, pour ainsi dire, plus signe de vie, lui faire respirer du chlore mélangé à de l'air. C'est la présence de ce gaz dans les fosses d'aisance qui rend la vidange si dangereuse. On le prépare en traitant le sulfure d'antimoine par l'acide hydro-chlorique, et le recueillant sur le mercure (*fig.* 5). L'hydrogène s'unit au soufre du sulfure, et le chlore se porte sur le métal.

Acide hydro-chlorique. Cet acide est un gaz incolore, produisant des fumées blanches dans l'atmosphère, à cause de sa grande affinité pour l'eau qui s'y trouve à l'état de vapeur. Son odeur est si forte et si piquante qu'on ne saurait le respirer sans danger, même en petite quantité. Son affinité pour l'eau est telle que celle-ci en dissout jusqu'à 500 fois son volume ; l'on fait presque toujours usage d'acide hydro-chlorique liquide, c'est-à-dire, dissous dans l'eau. Lorsqu'il est concentré, la dissolution est bien transparente, et en débouchant le flacon qui la contient, il se forme au dessus, d'abondantes vapeurs blanches.

Cet acide gazeux est remarquable par sa composition, ainsi que nous l'avons dit, lorsqu'il a été question du chlore. Un volume d'acide hydrochlorique contient un demi-volume d'hydrogène et un demi-volume de chlore.

Lorsqu'on mêle l'acide hydrochlorique liquide (qu'on appelle aussi dans le commerce acide *muriatique*) avec l'acide nitrique, dans le rapport de 3 à 1, on obtient une combinaison particulière appelée *eau régale* (de l'adjectif latin *regalis,* royal), parce que l'on s'en sert pour dissoudre l'or, le *roi des métaux* suivant le langage des anciens chimistes.

L'acide hydro-chlorique se fait en versant de l'acide sulfurique sur du sel marin, qui n'est autre chose qu'une combinaison de chlore et de sodium, l'eau de l'acide sulfurique est décomposée en partie ; son hydrogène se porte sur le chlore, et donne le gaz acide, qui se dégage ; l'oxigène se porte sur le sodium, et forme un oxide qui se combine avec l'acide sulfurique, et donne un sel appelé sulfate de soude.

Il faut recueillir ce gaz sur le mercure ; il se dissout dans l'eau avec tant de facilité qu'on ne pourrait le recueillir sur ce liquide. Lorsqu'on veut l'avoir en dissolution comme il est dans le commerce, on se sert de l'appareil de Woolf représenté *fig. 6*, les tubes *A, B, C, D* sont appelés tubes de sûreté ; ils servent à prévenir l'absorption en établissant constamment l'équilibre entre la pression intérieure et la pression extérieure de l'atmosphère.

CHAPITRE VI.

DES OXIDES MÉTALLIQUES.

Les oxides métalliques sont des composés *binaires* (on appelle ainsi un composé qui résulte de la combinaison de deux corps simples, un composé *ternaire* résulte de la combinaison de trois, et ainsi de suite) qui résultent de la combinaison des métaux avec l'oxigène, et qui, indépendamment de leur nature, se distinguent surtout des autres oxides, par la propriété qu'ils ont presque tous de s'unir aux acides, et de former ce qu'on appelle des sels. C'est pour cela que les oxides métalliques se nomment encore *bases salifiables* (bases pouvant former des sels).

La plupart des métaux sont capables de former chacun deux oxides ; quelques-uns en forment trois et peut-être même quatre : ce dernier nombre n'est jamais dépassé.

Tous les oxides sont solides, cassans, ternes quand ils sont en poussière, inodores, excepté celui d'osmium ; insipides, excepté ceux de la deuxième section, le deutoxide d'arsenic et l'oxide d'osmium ; blanc ou diversement colorés. Tous sont sans action sur la teinture de tournesol ; un grand nombre ramènent au bleu cette teinture rougie par les acides. Quelques-uns verdissent la couleur de la violette, ou rougissent le jaune produit par la racine de curcuma : ce sont ceux de la deuxième section qu'on nomme aussi principalement les *alcalis* ; les métaux qui les fournissent s'appellent *métaux alcalins*.

Exposés à l'action du feu, les oxides se comportent diversement. Ceux de la première section n'éprouvent aucune altération chimique ; il est d'ailleurs très-difficile de leur en faire éprouver par les moyens les plus puissans de la physique et de la chimie ; on les indique ordinairement sous le nom générique de *terres* ou de *bases salifiables terreuses*. Les oxides des deux dernières sections se réduisent facilement, c'est-à-dire perdent facilement leur oxigène, et redeviennent des métaux purs. Parmi ceux de la deuxième, de la troisième et de la quatrième section, il n'en est aucun qui soit susceptible de réduction ; mais il en est beaucoup qui abandonnent une partie de leur oxigène à une température plus ou moins élevée ; savoir : d'une part les deutoxides de calcium, de strontium, de zinc, de nickel ; les tritoxides d'antimoine, de cuivre, de plomb, au dessous de la chaleur rouge ; et d'autre part, les deutoxides de barium, de sodium (ne confondez pas ces deutoxides, ainsi que ceux de calcium, strontium avec leurs protoxides ; ces quatre derniers qu'on nomme aussi chaux, strontiane, baryte et soude ne se décomposent pas par la chaleur), d'urane, de cobalt, de cuivre, de plomb, le deutoxide et le peroxide de manganèse, au degré de la chaleur du rouge naissant, ou au dessus ; c'est là un moyen d'avoir l'oxigène, nous l'avons indiqué lorsqu'il a été question de ce gaz.

La pile de Volta décompose presque tous les oxides ; il en est quelques-uns de la première section qui ont résisté ; mais M. Becquerel y est parvenu.

Beaucoup de corps simples non métalliques ou métalliques, chauffés avec les oxides peuvent leur enlever leur oxigène en tout ou en partie. Ainsi le carbone à une température plus ou moins élevée réduit tous les oxides métalliques, excepté ceux de la première section, et les oxides de barium, de strontium, de calcium, de lithium de la seconde, l'oxigène enlevé à l'oxide par le carbone transforme ce dernier tantôt en oxide de carbone, tantôt en acide carbonique. Toutes ces réductions se font en mélangeant le carbone à l'oxide dans une cornue, que l'on expose ensuite à une chaleur convenable. Pour qu'un oxide soit réduit, il faut que le corps avec lequel on le mêle pour opérer la réduction ait plus d'affinité pour l'oxigène que le métal qui forme l'oxide, ou au moins autant d'affinité que lui ; l'hydrogène ayant une extrême affinité pour l'oxigène devra donc réduire beaucoup d'oxides, et, en effet, il réduit tous les oxides, excepté ceux des deux premières sections : il ramène à l'état de protoxide les peroxides alcalins. Voici comment on fait l'expérience : Prenons l'oxide de cuivre pour exemple (*fig.* 7); le flacon contient de l'eau et du zinc ; on y verse de l'acide sulfurique par le tube *A* ; l'hydrogène se dégage, et passe par le tube *B*, qui contient du chlorure de calcium, afin de dessécher le gaz, qui arrive dans le tube *C*, où l'on a mis l'oxide de cuivre, et que l'on chauffe avec une lampe à esprit de vin ; il faut avoir soin de ne chauffer que lorsqu'il a déjà passé beaucoup de gaz dans les tubes, pour être sûr qu'il n'y reste plus d'air, autrement on aurait une détonation, et l'appareil pourrait se briser ; *D* est une petite boule, où vient se condenser la vapeur d'eau due à la combinaison de l'hydrogène avec l'oxigène de l'oxide. Il y a production de lumière, et l'on voit l'eau ruisseler sur les parois de cette petite boule. La réduction s'opérerait encore dans le cas où le métal et le corps seraient susceptibles de former entre eux une combinaison plus stable que celle de chacun d'eux avec l'oxigène.

Préparation. On calcine le métal ou l'oxide de métal au contact de l'air, dans un creuset ou dans un têt, à une température plus ou moins élevée. C'est ainsi que l'on prépare l'oxide d'antimoine, de zinc, de plomb, de mercure, etc.; comme l'oxide d'antimoine est volatil, il suffit de le recueillir dans un têt ou dans un creuset troué renversé, où il cristallise en aiguilles, de sorte que la surface du métal est toujours en contact avec l'oxigène de l'air ; si l'on veut produire l'oxide de zinc, on fond le métal dans un creuset, et on porte la chaleur au rouge : bientôt le zinc brûle avec une belle flamme émeraude, et des flocons lanugineux d'oxide de zinc se répandent dans l'atmosphère ; il se forme à la surface une couche d'oxide, que l'on enlève avec une spatule, pour renouveler le contact de l'air avec la surface du métal. C'est de la même manière qu'on prépare l'oxide de plomb, il se forme à la surface une couche d'oxide, qu'on enlève également avec une spatule, pour renouveler le contact de l'air ; mais on enlève en même temps du plomb métallique ; on triture alors ce mélange dans l'eau ; le plomb tombe au fond du vase, et l'oxide, qu'on appelle *massicot*, reste en suspension ; on transvase, et, au bout de quelque temps le massicot se dépose au fond du vase ; c'est ce massicot ou protoxide de plomb qui constitue la majeure partie des litharges du commerce. Si on veut avoir du minium, on pulvérise le massicot, on le met dans un four à réverbère ; il ne faut pas élever la température au dessus de 300°, plus haut, le nouvel oxide ne pourrait se former. L'oxide absorbe une nouvelle quantité d'oxigène. Ce n'est pas un deutoxide de plomb pur, c'est une combinaison de deutoxide et de protoxide. Ce minium est employé comme couleur rouge par les peintres. On s'en sert aussi dans la fabrication du cristal ; c'est de sa pureté que dépend la belle transparence du cristal. Le minium d'Angleterre est le plus estimé ; aussi le cristal qu'on y fabrique est-il plus recherché.

On peut aussi préparer les oxides, en décomposant les carbonates par la chaleur ; il n'y a que la potasse, la soude, la baryte et la lithine ; ou les protoxides de potassium, sodium, barium, lithium, qui ne puissent s'obtenir de cette manière. C'est ainsi qu'on obtient la chaux ou protoxide de calcium ; elle était connue dès la plus haute antiquité ; le plus violent feu de forge ne peut lui enlever son oxigène ; mais elle ne peut résister à l'action de la pile. Exposée à l'air, à la température ordinaire, elle en attire l'humidité, et l'acide carbonique, avec lequel elle se combine. Aussi ne peut-on la conserver qu'en vase clos. Elle a une très-grande affinité pour l'eau, et lorsqu'elle est en contact avec ce liquide, elle se combine avec lui, en produisant une grande chaleur. La chaux qui n'est pas encore combinée avec l'eau s'appelle *chaux vive* ; on l'appelle *chaux éteinte* après la combinaison.

La chaux ne se trouve jamais à l'état de pureté dans la nature ; elle se trouve au contraire très-fréquemment unie avec les acides, et surtout avec les acides carbonique, sulfurique et phosphorique. Combinée avec l'acide carbonique, elle forme le carbonate de chaux, qui, suivant ses divers aspects ou ses propriétés, prend les noms de craie, marbre, pierre à chaux; avec l'acide sulfurique, elle forme la pierre à plâtre; et avec l'acide phosphorique, la base solide des os. C'est du carbonate de chaux naturel qu'on retire la chaux: il suffit pour cela d'exposer ce sel à une haute température; l'acide carbonique et la chaux se séparent; l'acide se dégage à l'état gazeux, et la chaux reste sous la forme solide.

Il ne sera pas déplacé de dire ici quelques mots sur ce qu'on entend par les chaux *grasses* et les chaux *maigres* ou chaux hydrauliques.

Les chaux *grasses* sont celles qui foisonnent le plus; c'est-à-dire qui donnent le plus de volume: les mortiers qu'elles procurent sont les plus mauvais; elles résultent des carbonates très-purs.

Les chaux maigres ou *hydrauliques* sont celles qui foisonnent le moins, qui *s'éteignent* le plus difficilement, et qui prennent le moins de volume; ce sont celles enfin qui donnent les meilleurs mortiers. Elles sont fournies par la calcination des carbonates, qui sont intimement mélangés avec de l'argile. On fabrique très-bien cette chaux à Paris, par exemple, en mélangeant de la craie de Meudon et de l'argile de Passy, et calcinant ensuite ce mélange. La bonne chaux maigre contient ordinairement trente ou quarante pour cent d'argile; si on en fait un mortier avec du sable, ce mortier a la propriété de durcir très-rapidement dans l'eau et d'y acquérir une ténacité extrême. C'était là tout le secret des Romains; dans les monumens nombreux qu'ils ont laissés, et qui existent encore, le mortier a acquis une dureté plus grande que celle des pierres. D'après ce que nous venons de dire, on comprend que les chaux maigres sont très-propres aux constructions destinées à être sans cesse en contact avec l'eau, comme les canaux, les bassins, etc., c'est même à cause de cela qu'on leur donne le nom de chaux hydrauliques.

On peut encore obtenir certains oxides par la calcination des nitrates; l'acide nitrique se décompose en oxigène et en acide nitreux, qui se dégagent, tandis que l'oxide reste. C'est ainsi qu'on se procure la baryte et la strontiane, l'oxide de cuivre et le bi-oxide de mercure, en ayant soin pour ce dernier de ne pas trop élever la température; mais la chaleur doit être continuée tant qu'il se dégage de l'oxigène ou de l'acide nitreux.

Enfin, on peut obtenir directement par l'action de l'acide nitrique sur les métaux, certains oxides qui ne peuvent se dissoudre dans cet acide; tels sont les protoxides d'étain et d'antimoine. On met le métal en petits fragmens dans l'acide nitrique; on chauffe lorsque tout le métal est attaqué, et on calcine légèrement pour chasser l'excès d'acide nitrique.

Des oxides de fer.

Les plus remarquables et les plus utiles de ces oxides sont le *deutoxide* ou *peroxide* et l'*oxide magnétique*. Ce dernier constitue l'aimant naturel. Ces deux oxides alimentent les usines, où on les réduit, c'est-à-dire où on les transforme en fer proprement dit.

Des oxides d'arsenic.

Le métal appelé arsenic donne plusieurs combinaisons avec l'oxigène, savoir : deux oxides et un acide. C'est le *deutoxide*, qu'on appelle vulgairement *arsenic, mort aux rats*, et que l'on devrait peut-être associer aux acides et appeler *acide arsénieux;* il est blanc, âcre, nauséabond ; il excite fortement la salive; pris intérieurement, il produit sur les parties qu'il touche des taches rouges gangréneuses, les ulcère et les troue promptement; aussi est-ce un des poisons les plus actifs, et donne-t-il la mort à très-petite dose. Il est volatil; lorsqu'il est vaporisé dans l'air, il y paraît sous forme de fumée blanche, et y répand une très-forte odeur d'ail : rien n'est plus facile que de constater un empoisonnement par l'arsenic : un cadavre enterré depuis long-temps, et empoisonné par l'arsenic vient toujours fournir des indices certains à la chimie; d'ailleurs il n'est pas d'empoisonnement qui aujourd'hui puisse n'être pas découvert, tant les ressources de la science sont étendues et multipliées. Ravir ainsi au crime l'espoir de l'impunité n'est pas le moindre bienfait des sciences.

Ammoniaque.

C'est une base salifiable qui ne contient ni métal ni oxigène. Elle est gazeuse et formée d'azote et d'hydrogène; un volume d'ammoniaque résulte d'un volume et demi d'hydrogène et d'un demi-volume d'azote. Cette substance a pour l'eau une affinité des plus grandes ; un volume donné d'eau dissout quatre cents fois son volume d'ammoniaque; on ne l'emploie le plus souvent qu'en dissolution dans ce liquide.

L'ammoniaque, que beaucoup de personnes appellent encore *alcali volatil,* est incolore, a une odeur forte, piquante, qui provoque les larmes; sa saveur est caustique. On ne le rencontre dans la nature que combiné avec d'autres corps, à l'état d'hydro-chlorate, d'ammoniaque ou de *sel ammoniaque*, suivant l'expression du commerce. Autrefois l'Egypte en fournissait à toute l'Europe, et le fabriquait en l'extrayant de la fiente des chameaux; mais aujourd'hui on le fabrique en France même. —L'ammoniaque entre dans les urines avec l'acide phosphorique et l'acide hydro-chlorique; c'est elle qui communique une odeur si forte et si désagréable aux urines putréfiées.

C'est de l'hydro-chlorate d'ammoniaque qu'on extrait le gaz ammoniaque. On pulvérise séparément parties égales de ce sel et de chaux vive, très-abondans l'un et l'autre dans le commerce; on les mêle ensemble, et on en remplit presque entièrement une petite cornue de verre, au col de laquelle on adapte un tube recourbé; on place cette cornue au dessus d'un fourneau, et on la chauffe graduellement; bientôt la chaux s'empare de l'acide hydro-chlorique du sel ammoniaque, donne lieu à de l'eau et à du chlorure de calcium, qui est fixe, et met en liberté l'ammoniaque, qui se dégage sous forme de gaz: celui-ci chasse d'abord l'air des vases, et arrive ensuite à l'extrémité du tube; on ne peut le recueillir sur l'eau, qui le dissoudrait; dans ce cas on remplace la cuve à eau par la cuve à mercure.

Tous les acides ont la propriété de se combiner avec l'ammoniaque, et presque tous forment, avec ce gaz, des sels neutres, c'est-à-dire des sels qui n'altèrent ni la couleur de la violette, ni celle du tournesol; ils se comportent donc avec cet alcali comme avec les oxides pour lesquels ils ont le plus d'affinité.

Les combinaisons de l'ammoniaque sous forme

gazeuse avec les acides également gazeux, confirment cette simplicité des rapports en volumes qui existent entre les corps qui se combinent, simplicité que nous avons fait remarquer déjà plusieurs fois. Par exemple, pour former le sel ammoniaque ou l'hydrochlorate d'ammoniaque, il suffit de mettre en présence, à la température ordinaire, l'acide hydrochlorique et l'ammoniaque, à volumes égaux.

Des Hydrates.

L'eau jouit de la propriété de se combiner avec la plupart des oxides métalliques; les composés qui en résultent s'appellent *hydrates*, et cela se fait de manière que la quantité d'oxigène contenue dans l'eau de l'hydrate est égale à la quantité d'oxigène de l'oxide.

L'eau se combine faiblement avec les oxides faibles, et énergiquement avec les oxides qui retiennent fortement l'oxigène, et par conséquent avec les oxides alcalins.

L'hydrate de potasse est le plus important; voici sa préparation : on prend d'abord une partie de nitre ou nitrate de potasse, et deux parties de tartre ou bi-tartrate de potasse; on les pulvérise dans un mortier, et on projette dans une bassine de fonte chauffée au rouge, cette matière, qui prend feu; l'acide tartrique et l'acide nitrique se décomposent; il se forme de l'eau, de l'azote, de l'acide carbonique, et enfin l'on a pour résidu du carbonate de potasse en masse poreuse, noircie par un peu de charbon provenant de l'acide tartrique. On concasse cette masse, on la fait bouillir avec douze à quinze fois son poids d'eau, et environ son poids de chaux vive pendant quelques heures, et on ajoute de temps en temps de l'eau de manière à remplacer celle qui s'évapore; il se forme alors du carbonate de chaux, qui se précipite, de sorte qu'à la fin de l'opération il ne reste plus que de la potasse dissoute dans l'eau. On jette alors la liqueur sur une toile serrée; le carbonate reste, et la potasse en dissolution passe, en retenant toujours un peu de chaux dissoute et un peu de carbonate de potasse non décomposé; on évapore ensuite la liqueur jusqu'à ce qu'elle prenne la consistance d'un sirop; on laisse refroidir; la matière se prend en masse, que l'on concasse. On a ainsi ce qu'on appelle *potasse caustique à la chaux*, connue en médecine sous le nom de *pierre à cautère*.

L'hydrate de soude se préparerait de même; il n'y aurait qu'à remplacer le carbonate de potasse par du carbonate de soude.

CHAPITRE VII.

DES SELS.

Nous allons d'abord indiquer leur nomenclature. Nous avons déjà dit plusieurs fois que l'on appelle *sel* le résultat de la combinaison d'un *oxide* ou *base salifiable*, ou simple *base* avec un acide. Comme il existe un grand nombre de sels, on les a divisés en groupes appelés *genres*; l'on prend ordinairement l'acide pour déterminer les genres: toutes les fois que l'acide se termine en *ique*, on exprime le genre de sels qu'il donne en changeant *ique* en *ate*; lorsqu'il se termine en *eux*, on change cette terminaison en *ite*. Par conséquent l'acide sulfur*ique* en s'unissant aux *oxides*, aux *bases*, donne un groupe, un *genre* de sels qu'on appelle *sulfates*. Chaque espèce est ensuite définie en joignant le nom de la base. Par exemple, voulons-nous indiquer la combinaison qui résulte de l'acide sulfurique avec le protoxide de plomb, nous dirons *sulfate de protoxide de plomb*. On distinguera de même chaque espèce du genre *sulfite*, c'est-à-dire du genre dans lequel l'acide n'est autre que l'acide sulfureux : les mêmes réflexions s'appliquent aux *phosphates*, aux *carbonates*, etc., et aussi aux sels donnés par les hydracides, comme les *hydro-chlorates*, les *hydro-sulfates*, etc. Beaucoup de chimistes mettent devant le nom générique le mot qui exprime le degré d'oxidation de l'oxide qui entre dans le sel. Ainsi, au lieu de *sulfate*, de *protoxides* de plomb, ils disent *proto-sulfate de plomb*, etc.

On distingue trois espèces de sels, savoir : les *sels neutres*, dans lesquels les propriétés de l'oxide et de l'acide ne sont nullement apparentes ; les *sels acides*, dans lesquels les propriétés de l'acide dominent, et enfin les *sels basiques*, qui sont ceux où les propriétés de la base dominent au contraire ; ces sels-là se désignent souvent aussi par le nom de *sous-sels*.

Lorsqu'un acide se combine avec une base en plusieurs proportions, et le cas est très-fréquent, il arrive que la quantité d'acide est dans ces divers composés 2, 3, 4 fois plus grande que dans le sel neutre, alors, au lieu de dire *sulfate neutre de potasse*, *sulfate acide de potasse* ; il sera mieux de dire *sulfate de potasse*, *bi-sulfate de potasse* ; ce qui exprime d'un seul mot que, dans le second sel, la proportion d'acide est deux fois plus grande que dans le premier. On continue de la même manière ; *tri-sulfate*, *quadri-sulfate*, *se-sulfate*, indiquent des proportions d'acide 3 fois, 4 fois, 6 fois plus fortes que celles qui entrent dans le sel neutre. Quelquefois la dose d'acide surajoutée est fractionnaire, et assez souvent une fois et demie celle du sel neutre ; dans ce cas le nom de l'acide est précédé du mot *sesqui* (qui, en latin, signifie *un et demi*). Ainsi l'on dira : *carbonate de soude*, *sesquicarbonate de soude*, *bi-carbonate de soude*.

Nous allons maintenant entrer dans quelques considérations générales sur les sels, et dire les actions exercées sur eux par plusieurs agens tels que la chaleur, l'eau, l'air, etc.

Action de la chaleur.

En exposant certains sels à l'action de la chaleur, il se passe un phénomène qu'on appelle *décrépitation*, le sel marin nous en offre un exemple. Lorsqu'on le jette sur des charbons ardens, le sel pétille, est lancé en éclats, *décrépite* en un mot. Les sels qui présentent ce phénomène à un haut degré sont *anhydres* ; c'est-à-dire qu'ils ne renferment pas d'eau en combinaison ; mais ils en contiennent quelques parcelles entre les petites lames de leurs cristaux. C'est cette eau qui, réduite en vapeur, brise le petit cristal, et le lance en éclats.

La chaleur produit encore sur les sels d'autres phénomènes ; savoir : la fusion, la volatilisation, et même la décomposition. On distingue deux espèces de fusions ; la *fusion aqueuse* et la *fusion ignée*. Les sels *hydratés* (ce sont les sels qui renferment de l'eau en combinaison) éprouvent en général ces deux fusions que nous allons expliquer. Si l'on met du sulfate de soude, par exemple, dans un têt rouge, tout à coup le sel entre en fusion, et l'on aperçoit des vapeurs ; bientôt, si l'on continue de chauffer, le sel se dessèche pour refondre encore.

Dans le premier cas, l'eau que le sel contient en combinaison opère une dissolution à l'aide de la chaleur, et c'est l'eau qui bout; dans le second cas, l'eau a été chassée par la chaleur, et le sel lui-même est à l'état de fusion; la première fusion est dite *aqueuse*, la seconde est dite *ignée*. Souvent un sel ne peut éprouver que la fusion aqueuse; l'alun est dans ce cas; la décomposition de ce sel a lieu avant qu'il puisse éprouver la fusion ignée.

Action de l'eau.

L'eau, en agissant sur un sel, le dissout; et sa propriété dissolvante croît avec la température. Lorsque l'eau contient d'un sel, à une certaine température tout ce qu'elle peut contenir; on dit qu'elle est *saturée* de ce sel.—Si on laisse refroidir une eau saturée de sel dans un lieu tranquille, au bout d'un certain temps les parois du vase sont tapissées de la substance du sel arrangée en formes régulières plus ou moins grosses qu'on appelle *cristaux*. L'eau qui se trouve dans le vase, et qui contient encore du sel, s'appelle *l'eau mère*. Les cristaux sont le plus souvent *hydratés*.— L'eau dissout certains sels et n'en dissout pas d'autres; de là le moyen de purger un sel soluble d'un sel insoluble avec lequel il se trouve mélangé (*soluble* signifie *qui peut être dissous*; *fondu*; *insoluble* exprime l'impossibilité de la dissolution; mais un corps solide peut être *insoluble* dans un liquide et *soluble* dans un autre; ainsi, le sucre ne fond pas dans l'esprit de vin, et se dissout très-bien dans l'eau); on le dissout dans l'eau, puis on filtre cette eau qui ne contient plus alors que le sel soluble; on évapore cette eau pour l'amener à saturation; on laisse refroidir, et les cristaux qu'on obtient sont formés du sel soluble pur qu'on a voulu dégager de tout corps étranger. Si l'on veut obtenir ce sel en totalité, il faudra évaporer l'eau qui le contient jusqu'à *siccité*, mais dans ce cas le sel ne sera pas cristallisé, on ne l'aura qu'en masse informe.

Action de l'air.

Il existe des sels qui attirent l'humidité de l'air, et se résolvent en liqueur. Il en existe d'autres qui cèdent au contraire à l'air, en tout ou en partie, leur eau de cristallisation, perdent leur transparence, et tombent quelquefois même en poussière : on appelle les premiers *sels déliquescens*, et les seconds *sels efflorescens.* Tous les sels solubles, en général, sont déliquescens dans un air saturé d'humidité : c'est ce qui explique pourquoi le sel que l'on sert sur nos tables se résout quelquefois en eau dans quelques minutes lorsque le temps est très-humide. La température influe beaucoup sur la déliquescence des sels, puisqu'elle fait varier singulièrement leur solubilité.

Action de l'alcool.

Tous les sels insolubles dans l'eau le sont à plus forte raison dans l'alcool ou esprit de vin ; il dissout tous les sels déliquescens. L'eau dissout des sels insolubles dans l'alcool, et ceci sert à séparer des sels mélangés et en dissolution dans l'eau ; il n'y aura qu'à verser de l'alcool dans la dissolution ; le sel insoluble dans l'alcool se séparera et tombera au fond du vase ; on exprime cette séparation en disant que le sel est *précipité*, parce qu'il se *précipite* ou tombe au fond du vase.

Action des acides.

Lorsqu'on verse un acide dans un sel en dissolution, il se passe divers phénomènes, le plus souvent la base du sel se partage entre les deux acides avec lesquels elle se trouve en présence. Mais, si l'acide que l'on verse est capable de former avec la base un sel insoluble, dès-lors il n'y a plus partage, mais toute la base se porte sur l'acide qu'on vient de verser, et se précipite avec lui au fond du vase sous la forme d'un sel. Par exemple, si dans une dissolution d'hydrochlorate de baryte (on désigne sous le nom de baryte le protoxide de barium, de même sous le nom de potasse, le protoxide de potassium, et sous le nom de soude le protoxide de sodium), on verse de l'acide sulfurique, attendu que le sulfate de baryte est très-insoluble même dans les acides, la baryte va se porter sur l'acide sulfurique, et l'on aura un précipité tout blanc et abondant; d'ailleurs l'acide hydrochlorique restera seul dans le liquide.

Action des sels les uns sur les autres. Toutes les fois que l'on calcine ensemble deux sels qui, par l'échange de leurs bases et de leurs acides, peuvent former un sel fixe et un sel volatil, ou du moins un sel plus volatil qu'ils ne le sont l'un et l'autre, ils se décomposent constamment. Cependant il n'est pas toujours nécessaire qu'il puisse se former un sel volatil pour que la décomposition ait lieu; il suffit quelquefois que les deux sels, ou même l'un des deux sels entre en fusion.

Passons maintenant à l'action réciproque des sels par l'intermède de l'eau.

Action des sels solubles les uns sur les autres. Lorsqu'on mêle deux sels en dissolution dans l'eau, et que par leur réaction il peut se former un sel soluble et un sel insoluble, ou deux sels insolubles, ces sels se décomposent toujours, c'est-à-dire que l'acide de l'un s'empare de la base de l'autre et ré-

ciproquement, à moins qu'il ne puisse se former
un sel double, ce qui arrive rarement. C'est ainsi
qu'en versant du sulfate de soude dans l'hydrochlorate de baryte il se forme tout à coup du sulfate
de baryte, qui se précipite, et de l'hydrochlorate de
soude, qui reste dans la liqueur. Lorsque, au contraire, les deux sels que l'on mêle sont de nature à
former, par l'échange de leurs bases et de leurs
acides, deux autres sels assez solubles pour ne pas
se précipiter, rien n'annonce qu'il y ait décomposition. Il ne se passe aucun phénomène remarquable: là liqueur reste transparente ; mais si l'on
vient à l'évaporer, il n'en est plus de même : elle se
trouble plus ou moins, en général, dès qu'elle n'est
plus capable de dissoudre entièrement, l'un des quatre sels qui pourraient résulter de la combinaison
des deux acides et des deux bases qu'elle contient.
Alors la portion de ces sels qui ne pourrait plus
être tenue en dissolution se forme, si elle n'existe
point déjà, et se dépose en cristaux. Or, la température exerce une influence diverse sur la solubilité
des sels ; un sel en exerce lui-même sur celle d'un
autre sel ; enfin, selon que la dissolution est plus ou
moins rapprochée du point où elle est saturée de
sel, elle en laisse déposer plus ou moins facilement.
Il s'ensuit donc, qu'en raison de l'influence variable et plus ou moins grande de ces causes, il pourra
se déposer successivement des sels de nature diverse dans l'évaporation d'un mélange de deux dissolutions salines. Comme exemple, supposons que
l'on fasse un mélange de sel marin (on peut le considérer, en dissolution, comme un hydrochlorate
de soude), est presque aussi soluble à froid qu'à
chaud, et de nitrate de potasse, qui est, au contraire,
bien plus soluble à chaud qu'à froid, qu'on dissolve
ce mélange, et qu'on fasse évaporer successivement

la dissolution à plusieurs reprises; le sel marin se séparera pendant le cours de chaque évaporation, et le nitrate de potasse pendant celui de chaque refroidissement. Des effets semblables auraient lieu entre l'hydrochlorate de potasse et le nitrate de soude.

Action des sels dont l'acide est un hydracide. Lorsqu'un hydracide est combiné avec un oxide, on peut concevoir, ou bien que, dans la combinaison, l'acide et l'oxide existent comme avant, ou bien que l'hydrogène de l'acide s'est combiné avec l'oxigène de l'oxide pour donner de l'eau, et qu'il ne reste plus qu'un *chlorure*, par exemple, s'il s'agit d'une combinaison de l'acide hydrochlorique avec un oxide. D'après cela, si l'on mélange un hydrochlorate de soude avec une dissolution de nitrate d'argent, l'acide hydrochlorique se portera sur l'oxide d'argent; l'hydrogène de l'acide et l'oxigène de l'oxide se combineront, et l'on aura un précipité de chlorure d'argent, plus un nitrate de soude qui restera dissous. Si l'on considère l'hydrochlorate de soude, primitivement, comme un chlorure de sodium, on concevra alors que l'oxigène de l'oxide d'argent s'est porté sur le sodium pour l'oxider, et le faire passer à l'état de soude, qu'ensuite le chlore s'est porté sur l'argent; la soude sur l'acide nitrique. On voit ainsi que les actions des sels dont l'acide est un hydracide sur les autres sels et entre eux, sont les mêmes que les actions des sels dont l'acide est oxigéné, de quelque manière que l'on considère la combinaison de l'hydracide avec la base.

Sels doubles. Quand on mélange des dissolutions de sel, il arrive quelquefois que ces sels, loin de se décomposer, ont la propriété de s'unir et de rendre leurs élémens plus stables; mais il paraît en général qu'il n'y a que quelques-uns des sels appartenant au même genre qui possèdent cette propriété, et que même ils ne s'unissent que deux à deux. En effet, on ne connaît point encore de combinaisons entre trois sels, et l'on en connaît à peine entre deux acides et la même base ; ces composés s'appellent *sels doubles*. Par exemple, si l'on mélange deux dissolutions, l'une de sulfate d'alumine, l'autre de sulfate de potasse, il résulte un composé que l'on désigne ainsi : *sulfate d'alumine et de potasse*, et qui n'est autre chose que *l'alun* du commerce ; on le voit ordinairement chez les pharmaciens en gros cristaux blancs octaëdriques groupés (l'octaèdre est un solide à huit faces).

État naturel des sels. On n'a encore trouvé dans la nature que 70 sels, savoir : 22 sulfates, 12 carbonates, 10 phosphates ou sous-phosphates, 6 hydrochlorates, 5 arséniates, 4 nitrates, et d'autres moins connus. Comme l'art peut en créer plus de mille, il s'ensuit que le nombre des sels naturels est loin d'égaler celui des sels artificiels. Les plus abondans sont : le carbonate de chaux, qui constitue la craie, les marbres, etc. ; le sel marin qu'on trouve dans les eaux de la mer, dans celles de plusieurs fontaines, et en masses considérables dans le sein de la terre ; et le sous-phosphate de chaux qui entre pour près de deux cinquièmes dans la composition des os de presque tous les animaux.

Préparation des sels.

Lorsqu'un sel ne se trouve point, ou ne se trouve que rarement dans la nature, ou lorsqu'y étant commun il est difficile de le séparer des matières avec lesquelles il est mêlé, on le prépare par divers procédés que nous allons énoncer, en employant celui de ces procédés qui est le plus économique et le plus sûr.

1° Tous les sels peuvent être préparés directement, c'est-à-dire en combinant les oxides avec les acides. Au moment où la combinaison a lieu, il y a toujours dégagement de calorique ; il s'en dégage beaucoup toutes les fois que l'oxide et l'acide tendent à s'unir avec une grande force, ou ont beaucoup d'action l'un sur l'autre ; telles sont, par exemple, les combinaisons des acides sulfurique, nitrique, hydrochlorique, avec les bases salifiables données par les métaux de la deuxième section. Il ne se dégage pas de calorique, au contraire, toutes les fois que l'oxide et l'acide ne se combinent pas avec beaucoup d'énergie ; telles sont, par exemple, les combinaisons de l'acide carbonique avec les bases salifiables.

2° La plupart des sels peuvent aussi être préparés en traitant les carbonates par les divers acides ; ceux-ci s'unissent aux oxides et en séparent l'acide carbonique, qui se dégage en produisant une effervescence plus ou moins considérable.

3° Lorsqu'un sel est insoluble (on se sert principalement du mot insoluble pour désigner un sel que l'eau ne dissout qu'en très-petite quantité, presque imperceptible, car il n'y a pas de sel insoluble, rigoureusement parlant), on peut presque toujours se le procurer par la voie *des doubles décompositions*, c'est-à-dire en mêlant deux dissolutions salines, dont la réaction peut donner lieu, d'une part, à un sel soluble, et, d'une autre part, au sel insoluble qu'on veut obtenir ; mais il faut pour cela employer les dissolutions salines dans un état convenable de saturation. On fait ordinairement choix, pour l'une d'elles, d'une dissolution saline à base soit de potasse, de soude ou d'ammoniaque, parce que tous les sels qui résultent de la combinaison des acides avec ces trois alcalis sont solubles. L'autre dissolution aura nécessairement pour base l'oxide du sel insoluble à obtenir. D'ailleurs, parmi ces dissolutions, on préfère celles qu'on se procure le plus facilement. Dans tous les cas, le précipité obtenu par cette double décomposition des sels mis en présence doit être versé sur un filtre où il reste seul, et lavé ensuite à grande eau, pour qu'il soit pur et débarrassé de tout mélange avec l'autre sel. Dans le cas où, en agissant comme nous venons de l'indiquer, il pourrait se former un sel double, ce procédé ne serait point praticable.

4° Les sous-sels qui sont insolubles (et presque tous sont dans ce cas) s'obtiennent encore en versant peu à peu, dans une dissolution de sels formés des mêmes élémens que les sous-sels, mais neutres, une dissolution faible de potasse, de soude ou d'ammoniaque. Ces dernières bases, versées ainsi, s'emparent d'une portion de l'acide du sel neutre; par conséquent, ce dernier a un excès de base, et passe à l'état de sous-sel, qui, étant insoluble, se précipite, pourvu toutefois qu'on agite avec soin la liqueur. On le lave à grande eau, comme le précédent.

On emploie encore divers autres procédés; ainsi, l'on peut obtenir plusieurs sulfates, plusieurs hydrochlorates et beaucoup de nitrates, en traitant à froid ou à chaud les métaux par les acides sulfurique, hydrochlorique et nitrique, plus ou moins concentrés, qui entrent dans leur composition; alors le métal est oxidé par une portion de l'acide ou de l'eau qui se décompose.

Ces considérations générales sur les sels facilitent singulièrement l'étude de chacun d'eux en particulier. Pour la faire, il y a deux méthodes : 1° On peut classer les sels en partant des acides ; c'est-à-dire qu'on peut les grouper de manière que l'acide détermine la collection, le *genre* ; et la base, l'espèce. Ainsi, on peut réunir ensemble tous les sels dont l'acide est l'acide sulfurique, et former ainsi le *genre sulfates*, qui comprendra les sulfates de potasse, de soude, de baryte, d'ammoniaque, etc. Chacun de ces derniers sels est *une espèce* dans le genre sulfate, espèce déterminée par la base ;

2° Au contraire, on peut grouper les sels en partant des bases, réunir dans un groupe tous les sels ayant une certaine base ; dans ce cas, la base déterminera le genre ; au contraire, l'acide déterminera l'espèce. Ainsi, en réunissant tous les sels dont la base est la potasse, on aura le *genre des sels à base de potasse*, qui comprendra le sulfate de potasse, le nitrate de potasse, l'hydrochlorate de potasse, etc., etc. Chacun de ces derniers sels sera une espèce dans le genre précédent, espèce déterminée par l'acide.

La première méthode est ordinairement suivie ; nous indiquerons rapidement quelques sels des plus importans.

DES SILICATES.

Les silicates sont très-répandus dans la nature ; ils forment la majeure partie des minéraux qui se rencontrent à la surface de la terre ; les verres fabriqués dans le commerce, les poteries, les émaux sont des silicates. La silice, considérée autrefois comme l'oxide du silicium, est maintenant rangée dans la classe des acides ; c'est l'acide silicique. Parlons d'abord des silicates formant les corps vitreux.

Du Verre. La première espèce dont nous parlerons est le verre connu sous le nom de *verre soluble*, qui contient 70 parties de silice, et 30 de soude ou de potasse, que l'on prépare en fondant la silice et l'alcali dans un creuset. Ce verre est soluble dans l'eau bouillante, mais non dans l'eau froide, de sorte que si l'on applique de cette liqueur avec un pinceau sur du bois, par exemple, il se déposera par le refroidissement une espèce de vernis que l'eau froide n'attaquera pas, et de plus le bois sera incombustible, car, par l'action de la chaleur, le verre fondra et abritera le bois du contact de l'oxigène nécessaire à la combustion ; on peut rendre ainsi de la toile incombustible en la trempant dans cette liqueur, la laissant sécher. Si l'on vient à la jeter sur un brasier, elle s'y détruira, mais ne s'enflammera nullement. On a mis cette propriété en usage dans des théâtres. Cette substance pourrait très-bien remplacer la colle dans la peinture sur bois.

Le verre de Bohème contient sur 100 parties, 15 de potasse, 20 de chaux, le reste en silice. Il doit sa blancheur à l'absence de la soude : si on y mettait de la soude, il ne serait plus, à beaucoup près, aussi blanc. Le crown-glass (crâoun-glass), qui est employé pour les instrumens d'optique, n'est autre chose qu'un verre de Bohème préparé avec béaucoup de soin. Le verre à vitre contient de la soude au lieu de potasse ; aussi a-t-il un ton verdâtre ou bleuâtre. Sur 100 parties il contient 70 de silice, le reste en soude et chaux. Le verre à glace ne diffère du verre à vitre qu'en ce qu'il contient moins de chaux ; il est alors plus fusible. Pour préparer les glaces, on coule le verre sur une table de bronze très-unie et parfaitement horizontale ; avec un rouleau, on l'étend comme de la pâte. Le verre à glace étant très-épais, offre une coloration en vert qu'on pourrait faire disparaître en substituant la potasse à la soude.

Le verre à bouteilles diffère des précédens en ce qu'il contient beaucoup d'alumine ; aussi pour le faire on ne cherche pas, comme pour les premiers, le sable le plus blanc , qui n'est , pour ainsi dire, que de la silice pure ; au contraire on se sert d'un sable argileux qui contient de l'alumine et de l'oxide de fer , c'est à ce dernier que le verre à bouteilles doit sa couleur olivâtre. Ce verre contient, sur 100 parties, 25 ou 30 de chaux, 5 à 6 de soude ou de potasse, 6 ou 7 d'alumine, autant d'oxide de fer , et le reste en silice.

Le cristal ordinaire ne diffère du verre que parce qu'il contient du plomb ; il est composé de 33 parties d'oxide de plomb (minium) , 6 de potasse et 60 de silice. Ce cristal doit être soumis au recuit pour la solidité ; ce recuit consiste à faire chauffer l'objet préparé, jusqu'à une température voisine de son point de fusion ; or le cristal étant le plus fusible de tous les verres, on conçoit que si les objets que l'on recuit n'étaient pas d'une grande épaisseur, il serait difficile de les amener à une température voisine du point de fusion , sans risquer de les fondre entièrement ; c'est pour cela que les verres en cristal doivent avoir une grande épaisseur, qui, d'ailleurs, est indispensable aux objets soumis à la taille ; cette épaisseur nécessite l'emploi de la potasse, car la soude donnerait des verres colorés.

Si on veut avoir le verre employé par les opticiens, il faut augmenter la dose d'oxide de plomb, on a ce qu'on appelle le *flint-glass*. En augmentant encore la dose d'oxide de plomb, on a le *strass*, qui imite si merveilleusement le diamant. Enfin si , dans le strass, on introduit de l'oxide d'étain ou d'arsenic, on obtient l'émail.

Quand on chauffe le verre, et qu'on le laisse très-long-temps exposé à une forte chaleur, il éprouve ce qu'on appelle la *dévitrification*, et devient opaque et très-difficile à fondre.

Le verre se tire en fils avec une très-grande facilité ; pour cela on fond une baguette de verre à la lampe d'émailleur, on tire et on fixe sur une roue le fil qui en résulte, puis, tournant cette roue très-vite, on a ainsi des fils de verre dont on fait des aigrettes. Ces fils sont tellement flexibles, qu'on en a fait des perruques que l'on frise comme des cheveux.

Des Poteries.

Nous comprendrons dans cette classe les porcelaines, faïences, terres de pipe, tuiles, briques, grès, etc. — Ces poteries, si différentes par leur aspect, ont cependant peu de différence dans leur composition, comme on va le voir. Commençons par examiner les plus grossières.

Les briques se divisent en deux classes ; les unes sont jaunes, les autres rouges. Elles sont composées de silice, d'alumine et d'oxide de fer, mais il en entre beaucoup plus dans les secondes que dans les premières, qui sont bien plus fusibles, et par conséquent sont toujours rejetées des constructions des fourneaux où l'on doit entretenir une température très-haute. Les tuiles et les carreaux sont de même nature que les briques. Les poteries communes ne diffèrent des briques qu'en ce que ces vases sont enduits d'un vernis, à cause de la porosité de la matière, qui boirait l'eau. Ce vernis est composé de silice, de potasse et de plomb. On le colore en brun par le manganèse, en vert par le cuivre, en jaune par le fer.

La faïence n'est autre chose que cette terre commune recouverte d'un vernis semblable au précédent, mais contenant, de plus, de l'oxide d'étain ; c'est un émail appliqué sur la terre rouge de ces poteries.

Les faïences fines, ou terres de pipe, ne diffèrent

des faïences communes qu'en ce que l'argile que l'on emploie à leur fabrication ne contient pas de fer, car c'est le fer qui leur donne leur coloration.

Les grès communs sont tous colorés par le fer ; leur pâte est imperméable ; aussi les poteries qu'on en fait n'ont pas besoin de vernis ; cependant l'usage est de leur en donner. Les grès contiennent de la chaux.

Les porcelaines ne diffèrent des grès qu'en ce qu'elles sont blanches au lieu d'être colorées.

Les matières premières dont le potier fait usage sont les argiles de différentes qualités. Certaines argiles colorées avant la cuisson, perdent leur coloration après cette opération ; ce sont celles qui ne doivent leur couleur qu'à la présence de matières organiques qui sont détruites par l'action de la chaleur. On fait aussi quelquefois usage de marne (c'est un composé d'argile et de craie), ce qui rend les poteries susceptibles d'une demi-fusion. On emploie aussi le silex ou caillou, réduit en poudre très-fine, il constitue avec l'argile incolore la pâte des faïences fines ; on emploie quelquefois le plâtre et la magnésie dans le Piémont.

Pour fabriquer la porcelaine dure, on se sert aujourd'hui de deux matières particulières qui sont le feld-spath et le kaolin ; le feld-spath est un silicate d'alumine et de potasse qui, étant fondu, donne un verre transparent et très-dur ; il sert pour le vernis ; le kaolin, qui sert à faire la pâte, n'est que du feld-spath qui, par une action inconnue jusqu'ici, a subi une décomposition ; il a perdu toute sa potasse et un peu d'alumine, il est très-friable ; cette matière étant réduite en bouillie, on la fait sécher jusqu'à ce qu'elle ait pris une consistance qui permette de la travailler ; et on façonne le vase qu'on veut obtenir ; alors on cuit à une assez basse température : c'est ce qu'on appelle le *dégourdi*. Puis on applique le vernis, qui n'est autre chose que du feld-spath pulvérisé et délayé dans l'eau ; on trempe la pièce dans la liqueur ; la pâte poreuse absorbe l'eau, et il reste une couche très-mince de feld-spath ; on porte la pièce au four à une température capable de lui faire éprouver une demi-fusion ; le feld-spath étant plus fusible que la pâte, il fond et produit le vernis.

Peinture sur verre et sur porcelaine.

On emploie deux espèces de couleurs : celles de *grand feu* pouvant résister à une très-haute température ; le cobalt donne du bleu, l'oxide de chrôme du vert ; l'oxide de fer, du rouge ; l'oxide de manganèse, du brun ; les autres, appelées *couleurs de mouffle*, s'obtiennent en broyant avec du cristal en poussière les couleurs qu'on veut employer, en les délayant avec de l'essence de térébenthine ; on peint sur la porcelaine comme on peindrait sur un tableau ordinaire. On met la pièce peinte dans un fourneau, pour opérer la fusion du cristal et la fixation de la couleur. Pour le verre, le principe est le même ; seulement, comme il est plus fusible que la la porcelaine, il faut que les couleurs soient aussi plus fusibles.

DES CARBONATES.

Carbonate de potasse.

La potasse formé avec l'acide carbonique trois espèces de sels : un carbonate neutre formé d'une proportion d'acide et d'une proportion de base ; un bi-carbonate formé de deux proportions d'acide et d'une proportion de base ; enfin le sesqui-carbonate formé d'une proportion et demie d'acide et d'une de base.

Le carbonate neutre de potasse est ce qu'on appelle la *potasse* dans le commerce, c'est l'*ancien alcali végétal*; on le forme en réduisant en cendres des plantes et des bois, là où ils n'ont point de valeur. On recueille ces cendres, qui sont formées de carbonate de potasse, de sulfate de potasse et de chlorure de potassium; on les lessive à chaud, et la plupart des sels que nous venons d'indiquer, surtout le carbonate se dissolvent; on fait évaporer la liqueur jusqu'à sec; on calcine ce résidu jusqu'au rouge dans un four, afin de brûler complétement les matières charbonneuses qui auraient pu être entraînées; on retire ensuite ce résidu; on le laisse refroidir, après quoi on le renferme avec soin dans des vases pour éviter l'humidité qui fondrait le sel, et l'on a ainsi la potasse du commerce, dont on connaît diverses espèces, savoir : la potasse de Russie, d'Amérique, de Trèves, de Dantzick, des Vosges, et la potasse Perlasse.

Carbonate de soude. La soude, en se combinant avec l'acide carbonique, donne trois sels tout-à-fait semblables à ceux que forme la potasse.

On retire le carbonate neutre de soude (appelé *soude* dans le commerce) de plantes marines que l'on fait brûler dans des fosses dont le terrain est parfaitement sec. Le résidu est une matière saline, dure et compacte, que l'on concasse et que l'on verse dans le commerce en lui donnant le nom du pays où on l'a fabriquée. La meilleure soude est celle d'Espagne.

Pendant la révolution, on ne pouvait plus tirer les soudes de l'Espagne. De là l'anéantissement des arts qui en faisaient usage. Mais Leblanc, chimiste manufacturier, trouva un procédé pour fabriquer la soude artificielle, toute aussi bonne que la soude d'Espagne. Ce procédé consiste à calciner 180 parties de sulfate de soude (qu'on fabrique avec de l'acide sulfurique étendu d'eau et du sel marin), 180 de craie, 110 de charbon. Il se forme du sulfure de sodium par l'action du charbon; mais la craie transforme ce sulfure de sodium en sulfure de calcium et en carbonate de soude, avec dégagement d'oxide de carbone; on fait dissoudre la masse dans l'eau. La craie en excès et le sulfure de calcium sont insolubles; on décante, et la liqueur ne contient plus que de la soude; on évapore à siccité, et l'on ajoute du charbon pour noircir la matière, afin de lui donner l'apparence de la soude brute. On est obligé d'avoir recours à ce stratagème; car certains fabricans refusent d'employer la soude artificielle, bien que ses qualités soient les mêmes que celles des soudes d'Espagne.

Le *bi-carbonate de soude* sert à faire les limonades, les eaux mousseuses. Supposons que l'on fasse dissoudre dans une bouteille remplie d'eau un gramme de ce sel; ce gramme peut fournir un demi-litre d'acide carbonique (on sait que c'est ce gaz qui fait mousser le champagne). Si l'on met ensuite dans la bouteille une petite quantité d'acide citrique (c'est un acide qu'on retire du citron), il se formera du citrate de soude, et l'acide carbonique sera mis en liberté; mais, en ayant soin de fermer la bouteille après l'introduction de l'acide citrique, le gaz acide carbonique restera forcément en dissolution dans le liquide, toujours prêt d'ailleurs à faire sauter le bouchon.

Carbonate de chaux. Il est répandu dans la nature avec une étonnante profusion; il forme d'abord la craie, qui se distingue des pierres calcaires en ce qu'elle n'a pas d'agrégation; il forme ensuite les madrépores, les coraux, les stalactites dues à des dépôts de carbonate primitivement tenu en dissolution par l'acide carbonique ; viennent ensuite les divers marbres, la brèche, les calcaires compactes, dont la cassure ne laisse pas voir de cristallisation ; le moellon, qui est une pierre calcaire mêlée avec de l'oxide de fer, de la silice et de l'alumine à l'état d'argile. La masse de ces diverses substances forme une grande partie de la croûte de la terre. Aux environs de Paris on trouve de la pierre calcaire et de la craie, qu'on rencontre aussi sous le lit de la rivière. Les plaines de la Champagne sont couvertes de craie, le Berri de même ; le Jura, les Vosges, les Alpes, les Apennins, les Pyrénées, sont calcaires. On cite en Suisse des montagnes calcaires qui s'élèvent jusqu'à 4,000 mètres de hauteur.

Le carbonate de chaux est insoluble dans l'eau ; mais il se dissout facilement dans ce liquide chargé d'acide carbonique. On trouve des eaux tellement chargées de ce sel, qu'avec le temps elles finissent par former de vastes constructions. Près de Clermont, il y a la fontaine de Saint-Alire, qui renferme du carbonate de chaux ; elle est un peu chaude, elle fume même, elle est peut-être à 25 ou 30°. Ses eaux, au contact de l'air, perdent leur acide carbonique et le carbonate se dépose. On expose dans ces eaux des feuilles, des plantes, des animaux, et au bout de six semaines, ou un mois même, ces objets sont couverts de carbonate de chaux et paraissent pétrifiés ; mais ce n'est qu'une *incrustation*, une croûte formée par le carbonate, et non une *pétrification*. Dans la pétrification, les molécules du corps végétal ou autre ont été remplacées par des particules pierreuses ; dans l'incrustation, le corps n'a pas changé de nature, il n'est que renfermé sous une couche de carbonate.

L'arragonite est un carbonate de chaux d'une structure particulière ; il est plus lourd.

Le caractère qui sert à distinguer les carbonates, c'est que la plupart des acides, le vinaigre même, en dégagent l'acide carbonique avec effervescence. La chaleur les décompose tous, excepté ceux de potasse, soude, baryte, strontiane et lithine.

PHOSPHATES.

Le plus remarquable est le phosphate de chaux. Il y en a cinq bien distincts par leur composition. L'un d'eux contient 3 proportions d'acide phosphorique et 4 de chaux ; c'est le phosphate qui constitue la partie solide des os des animaux ; il sert à préparer le phosphore. Pour cela, on brûle les os dans un fourneau pour détruire la matière animale ; ils deviennent alors très-blancs et très-friables ; on les pulvérise, puis on en fait une pâte sur laquelle on verse de l'acide sulfurique, qui s'empare d'une très-grande partie de la chaux, pour former du sulfate de chaux et un phosphate acide de chaux ; on lave à grande eau, et on passe sur une toile serrée. Comme le sulfate de chaux est insoluble, il reste sur la toile. Le phosphate acide étant, au contraire, très-soluble, il passe dans la liqueur ; on évapore cette liqueur jusqu'à ce qu'elle soit épaisse comme un sirop ; on ajoute le quart de son poids de charbon ; on met le tout dans une bassine que l'on chauffe fortement, après quoi on introduit cette matière dans une cornue que l'on chauffe dans un fourneau à réverbère (*fig.* 8) ; à cette cornue est adaptée une alonge dont le bec plonge dans l'eau, de quelques lignes seulement. Le charbon décompose l'acide phosphorique, et le phosphore se dégage et vient se condenser au fond du vase dans lequel plonge le bec de l'alonge. Il y a dégagement d'hydrogène phosphoré pendant l'opération, ainsi que d'autres gaz.

DES SULFATES.

Sulfate de chaux ou pierre à plâtre. On trouve ce sel en abondance dans la nature; presque toujours il est hydraté, et alors on le nomme *gypse, pierre à Jésus;* il cristallise en lames minces transparentes, qui se réunissent souvent en une masse présentant l'aspect d'un fer de lance, et que l'on peut rayer avec l'ongle; on le trouve en abondance sur les collines des environs de Paris.

Le sulfate de chaux est très-peu soluble dans l'eau; néanmoins lorsqu'elle en est saturée, elle devient purgative, impropre à la cuisson des légumes; telles sont les eaux des puits des environs de Paris; elles sont incapables de satisfaire la soif, et ne peuvent dissoudre l'eau de savon.

En exposant le *gypse* à l'action de la chaleur, il perd son eau et se réduit en poudre blanche; il est alors à l'état de *plâtre*, c'est-à-dire que, mêlé avec une quantité convenable d'eau et gâché, il se prend bientôt en une masse d'une grande solidité. Tous les plâtres, après avoir été gâchés, ne sont pas susceptibles de prendre la même solidité. Les plus purs, c'est-à-dire ceux qui ne sont pas mélangés avec d'autres sels, prennent le moins de solidité; dans ce cas, on les emploie pour prendre l'empreinte des petits médaillons.

Le plâtre, mélangé avec le carbonate de chaux, est beaucoup plus dur; et acquiert, après avoir été gâché, une très-grande solidité.

On emploie le plâtre dans l'agriculture, non pas comme engrais, car tout engrais doit contenir plus ou moins de matières animales afin de féconder le

5.

sol, mais comme excitant de végétation ; il sert particulièrement aux prairies artificielles.

Le sulfate de chaux hydraté est très-pur, blanc et très-tendre ; il est connu alors sous le nom d'*albâtre*. Il sert à faire des vases, des pendules, etc. Il ne faut pas le confondre avec l'*albâtre* des anciens ; celui-ci est un carbonate de chaux.

Enfin, en gâchant le plâtre avec une dissolution de colle forte, introduisant ensuite des matières colorées quand la masse est encore en bouillie, on a le *stuc*. Cette matière imite parfaitement le marbre lorsqu'on l'a polie. On distingue cependant le stuc et le marbre en ce que le premier, lorsqu'on le touche, ne produit pas la sensation de froid que l'on éprouve en touchant le second.

Le *sulfate de soude* ou *sel de Glauber* est employé en médecine comme purgatif ; celui de *magnésie* aussi, surtout en Angleterre. Ce dernier porte aussi le nom de sel d'*Epsom*, sel de *Sedlitz*.

Le *sulfate d'alumine* est fort important, il fournit les *aluns*. L'alun est un sel double formé d'une proportion de sulfate de potasse ou d'ammoniaque et de trois de sulfate d'alumine. Cet alun est d'un grand usage en teinture. Il sert quelquefois en médecine pour ronger les chairs baveuses.

Trois parties d'alun à base de potasse mêlées à une de farine, d'amidon ou de sucre, étant calcinées dans un creuset, donnent une masse qui étant pulvérisée et introduite dans un petit ballon de verre et chauffée, donne une matière qui s'enflamme d'elle-même quand on l'expose à l'action de l'air ; c'est là ce qu'on nomme un *pyrophore* (porte-feu).

Le *sulfate de fer* ou *couperose verte* est employé dans la fabrication de l'encre et des couleurs noires des teinturiers et des chapeliers, ainsi que dans la fabrication du bleu de Prusse.

Il est très-facile de reconnaître un sulfate. Supposons qu'il soit alcalin ; avec le charbon on le transforme en sulfure, qu'il est facile de reconnaître, soit par sa saveur ou par son odeur d'œufs pourris. Si le sulfate fait partie des non-alcalins, on le chauffe avec du carbonate de potasse, alors il est transformé en sulfate de potasse, et le même caractère est applicable ; si les sulfates sont solubles, ils sont tous précipités par les sels de baryte.

DES NITRATES.

Nitrate de potasse. Ce sel est connu dans le commerce sous le nom de *nitre* ou de *salpêtre.* Il cristallise facilement en longs prismes (voyez la *Géométrie* pour la signification de ce mot), il a une saveur amère, piquante et fraîche ; c'est aussi celle de la poudre, dans la composition de laquelle il entre pour les trois quarts.

Le nitrate de potasse est décomposé par une forte chaleur ; l'oxigène et l'azote, élémens constitutifs de l'acide nitrique, se dégagent sous forme de gaz. Pour opérer une telle décomposition, il faut chauffer le nitre dans une cornue et pousser la chaleur jusqu'au rouge.

Le nitre est très-soluble dans l'eau, et sa solubilité va croissant avec la température ; quand il est ainsi dissous, il retarde l'ébullition de l'eau jusqu'à 115°, ou lieu de 100, qui est le degré d'ébullition sous la pression ordinaire de l'atmosphère.

Le nitre tombe en déliquescence lorsque l'air où il se trouve est à 97° de l'hygromètre de Saussure, c'est-à-dire lorsque cet air contient les 97 centièmes de la plus grande quantité possible d'humidité, degré qui ne peut avoir lieu que dans des chambres où l'eau ruisselle sur les murs, et qu'on n'observe jamais

dans l'air; d'après cela, il faut bien se garder de conserver la poudre dans des lieux humides, car, nous
le répétons, elle contient les trois quarts de nitre.

Le nitre étant décomposable par la chaleur seule,
doit l'être à plus forte raison lorsque la chaleur et
un corps combustible agiront sur lui, car la décomposition sera excitée encore par la tendance de
l'oxigène, qui entre en abondance dans le nitrate, à
se porter sur le corps combustible, et par l'affinité
de la potasse pour le corps combustible ou son
oxide. C'est ainsi qu'en projetant du nitre sur des
charbons ardens, on obtient une combustion vive,
de laquelle il résulte du carbonate de potasse, de
l'acide carbonique et de l'azote.

En chauffant un mélange de soufre et de nitre,
il y aura aussi une inflammation de laquelle il ré-
sultera du sulfate de potasse, de l'azote et de l'acide
sulfureux.

Le nitre ou salpêtre se forme en grand dans la
nature; le sol de l'Inde surtout est très-riche en salpêtre. La nitrification se fait souvent de manière
que le nitrate n'est pas à base de potasse, mais bien
à base de chaux ou de soude, etc.; mais cela im-
porte peu, car on peut transformer ces derniers en
nitrate de potasse, au moyen de la potasse du commerce.

Les conditions indispensables à la formation du
salpêtre sont les suivantes : il faut réunir en contact avec l'air une *matière animale* et une *base al-
caline*; *l'humidité* et une *température assez élevée* sont en outre nécessaires. Ce sont les matières
animales qui fournissent l'azote entrant dans la
composition de l'acide nitrique; l'oxigène de cet
acide est fourni par l'air, du moins cette opinion est
la plus généralement admise; et en effet, si l'on
vient à laver les terres imprégnées de matières

grasses par les cadavres qui y ont été enfouies on n'aura pas de nitre en dissolution dans les eaux de lavage, tandis qu'on y en trouvera abondamment si l'on ne vient à laver ces terres qu'après les avoir exposées à l'air pendant trois ou quatre mois.

On appelle *nitrières* les lieux où l'on réunit les matières nécessaires à la nitrification. Dans nos contrées, le nitre se rencontre dans les plâtras provenant de la démolition des vieux bâtimens ; on le trouve aussi en efflorescences blanches sur les murs humides des habitations, à trois ou quatre pieds au-dessus de terre ; dans les caves, les écuries, etc., en un mot, partout où se rencontrent les conditions dont nous avons parlé ci-dessus. L'art du salpêtrier consiste à savoir extraire le nitre de tous les plâtras de démolition où il se rencontre ; sa présence se manifeste par leur aspect et par leur saveur, qui est fraîche, âcre et piquante. Les plus riches plâtras contiennent au plus cinq pour cent de leur poids de nitrates.

De la Poudre.

La poudre est un mélange intime de salpêtre, de charbon et de soufre : à la rigueur l'un ou l'autre de ces deux derniers corps pourrait suffire, mais avec les deux, la poudre est meilleure.

En fabricant la poudre on se propose de développer instantanément, dans un petit espace, une grande quantité de gaz dont le volume soit encore augmenté par la chaleur, de telle sorte qu'il en résulte une force de ressort capable de lancer au loin un projectile avec une très-grande vitesse. Or, en faisant un mélange intime, et dans certaines proportions, de nitre, de charbon et de soufre, voici ce qui arrive lorsqu'on y met le feu : le soufre, qui est très-inflammable, communique une combustion rapide à tout le mélange; le charbon qui a une grande affinité pour l'oxigène se combine, en donnant lieu à une forte chaleur, avec l'oxigène de l'acide nitrique et de la potasse; de sorte qu'il se forme une grande quantité d'acide carbonique, du sulfure de potassium, un peu d'hydrogène sulfuré, un peu de vapeur d'eau; ces deux derniers produits viennent de ce que le charbon est toujours hydrogéné; en outre, l'azote de l'acide nitrique est mis en liberté. Or, à la température ordinaire, les gaz qui sont formés par la combustion d'un certain volume de poudre auraient un volume 400 fois plus grand; à 267° ce volume serait doublé, c'est-à-dire qu'au lieu d'être 400 il serait 800; à 534° il serait 1200 fois plus grand; en ajoutant 267° de plus on aurait 1600 pour l'expression du volume, et ainsi de suite; d'où l'on voit que la poudre possède toutes les conditions requises pour développer une grande force de ressort, laquelle se trouvera d'autant plus augmentée que les corps mélangés seront capables de donner lieu à une plus forte chaleur lorsqu'on y mettra le feu. Aussi, pour avoir de bonne poudre, il faut employer du salpêtre et du soufre très-purs, mais c'est surtout le charbon qui fait la qualité de la poudre; il doit être très-divisible; en France, on emploie le charbon provenant du bois de bourdaine. —La poudre humide perd toute sa force lorsqu'elle contient 14 parties d'eau sur 100; elle n'est pas capable de lancer le boulet à 1 mètre de distance. — La poudre pilée *fuse;* quand elle présente une masse poreuse, elle s'enflamme beaucoup plus promptement et produit dès-lors un plus grand effet, c'est pour cela qu'on la divise en grains.

Le *nitrate de soude* est très-employé dans les arts. Ce sel, tel qu'on le rencontre au Pérou, est à l'état de pureté; il est blanc, très-soluble, facilement cristallisable ; il est un peu plus déliquescent que le nitrate de potasse ; voilà pourquoi on n'a pas pu le lui substituer dans la fabrication de la poudre. On l'emploie pour faire l'acide nitrique, l'acide sulfurique, et pour transformer le chlorure de potassium en nitrate de potasse.

Nitrate de Bismuth.

On l'obtient en traitant le bismuth en poudre par l'acide nitrique, et évaporant convenablement la dissolution : si l'on verse peu à peu cette dissolution dans une grande quantité d'eau, l'on en précipitera, sous forme de flocons blancs, et quelquefois sous forme de paillettes nacrées , presque tout l'oxide en combinaison avec très-peu d'acide ; celui-ci, au contraire, restera presque tout entier dans la liqueur : c'est à ce précipité bien lavé qu'on donne le nom de *blanc de fard*. L'emploi de ce blanc n'est pas sans inconvénient : il rend la peau légèrement rugueuse.

Nitrate d'argent.

Ce sel se prépare en traitant, à une douce chaleur, de l'argent pur et en grenaille par un léger excès d'acide nitrique pur, et étendu d'environ son poids d'eau. L'action est vive ; il se dégage du deutoxide d'azote, qui, à l'air, passe à l'état d'acide nitreux. Le métal s'oxide et se dissout dans l'acide ; on évapore la dissolution, on la laisse refroidir, et le sel se dépose en cristaux, mais s'il est encore acide , on peut l'obtenir neutre en l'évaporant jusqu'à siccité , et le chauffant assez pour le fondre.

Ce sel est employé comme réactif pour reconnaître dans un liquide quelconque la présence de l'acide hydrochlorique libre ou combiné ; il y forme un précipité blanc, floconneux, qu'un grand excès d'acide nitrique ne peut point dissoudre, et que l'ammoniaque dissout au contraire sur-le-champ. On l'emploie aussi en pharmacie pour préparer *la pierre infernale*, qui n'est que du nitrate d'argent neutre fondu, c'est avec cette pierre que l'on ronge les chairs baveuses, et ranime les ulcères indolens : pour cela, on met le nitrate en cristaux dans un creuset d'argent, on le fond, en ménageant autant que possible la chaleur pour ne pas le décomposer ; et, quand il est en fusion tranquille, on le coule dans une lingotière, où il prend la forme de petits lingots ou cylindres bruns noirâtres.

Le nitrate d'argent, mis en contact avec les matières animales ou végétales, s'altère ; on ne sait pas bien expliquer ce qui se passe dans ce cas ; quoi qu'il en soit, lorsque dans une dissolution neutre de nitrate d'argent on plonge une étoffe de coton, ou de lin, ou de laine, elle noircit à la lumière, mais surtout à la lumière solaire ; les taches formées ne peuvent plus disparaître ; aussi, le nitrate d'argent forme-t-il une encre indélébile, très-propre à marquer les linges avec beaucoup d'économie. A cet effet, on commence par rendre la partie que l'on veut marquer un peu moins rude, en la frottant, par exemple, avec du savon, et passant le fer dessus, après quoi l'on écrit sur l'étoffe avec une plume imbibée de nitrate d'argent.

Les caractères des nitrates sont fort simples ; leur acide se décompose par la chaleur, même à 100° ; mais les bases se fixent, en sorte qu'il faut souvent une forte chaleur, si la base est énergique. Si la base est de potasse, soude, strontiane, etc., il y a dégagement d'oxigène, azote, protoxide d'azote, deutoxide d'azote; l'acide nitreux ou même de l'acide nitrique, si la base est faible. Avec la potasse et la soude, il n'y a que de l'azote et de l'oxigène. Tous les nitrates sont solubles. Ils brûlent avec déflagration, quand on les projette sur des charbons ardents. L'acide sulfurique dégage l'acide nitrique; l'acide hydrochlorique donne du chlore en agissant sur eux.

DES CHLORATES.

Nous n'examinerons que le *chlorate de potasse*; on le prépare en faisant passer un courant de chlore dans une dissolution de potasse; il se forme du chlorure de potassium et du chlorate de potasse. Il faut avoir soin de prendre une dissolution qui soit assez concentrée, sans quoi on n'obtiendrait que le liquide connu sous le nom d'*eau de Javelle*; si la dissolution était trop concentrée, on n'obtiendrait que du chlorure de potassium; il faut donc beaucoup de précaution, et opérer par tâtonnement.

Tous les chlorates sont décomposables au feu, car leur acide est très-peu stable; il se dégage de l'oxigène, et il se forme un chlorure; ainsi, que l'on chauffe du chlorate de potasse, il se dégagera de l'oxigène, et il restera un chlorure de potassium. Le chlorate de potasse est décomposé par la plupart des corps combustibles et des métaux. Si l'on met du chlorate de potasse avec un métal, on obtient une poudre détonante par le choc; mais le chlorate d'argent est encore bien plus explosif; que l'on fasse un mélange de chlorate d'argent et de soufre, et que l'on frappe sur le mélange avec un marteau, on reçoit comme un coup de fouet sur la main, et l'on a la peau criblée de petits grains noirs, qui ne sont autre chose que du sulfure d'argent. Le charbon avec le chlorate de potasse ne donne pas une poudre aussi détonnante que le soufre, car cette poudre attire l'humidité.

Les acides puissans décomposent le chlorate de potasse. Avec l'acide sulfurique, par exemple, il se dégage un gaz verdâtre, qui est de l'oxide de chlore, et qui même détonnera si l'acide sulfurique est trop concentré ; si l'on fait un mélange de ce sel et d'une substance végétale, du benjoin, par exemple, que l'on verse une goutte d'acide sulfurique dessus, la matière s'enflammera ; il en serait de même avec le soufre.

Le chlorate de potasse mélangé à la poudre à canon la rend si détonnante, que l'arme en serait brisée ; la fabrication en est très-dangereuse ; aussi on y a renoncé à cause des accidens qui ont eu lieu.

Le chlorate de potasse mêlé au soufre et à du minium, qui le colore en rouge, constitue, quand on le triture avec de l'eau de gomme, cette pâte dont on enduit l'extrémité des allumettes qui servent aux *briquets oxigénés.* Dans ces derniers temps, on a substitué aux allumettes en bois des allumettes formées par un tissu enduit de cire ; elles brûlent beaucoup plus long-temps, environ deux ou trois minutes, et ne coûtent pas plus cher. Quelquefois on place le réservoir d'acide sulfurique (car, comme on l'a déjà dit, le petit flacon contient de l'amiante imprégné d'acide sulfurique) dans l'allumette même ; alors il suffit de frapper le bout de l'allumette pour l'enflammer ; on a voulu en faire avec du mercure fulminant, et il suffisait de frotter sur un papier à l'émeri ; mais on est toujours revenu à l'ancien procédé.

DES CHROMATES.

Chromate de potasse.

Il a aujourd'hui beaucoup d'usages. Feu Vau-

quelin découvrit le chrôme dans un minéral de
Russie ; de sorte que d'abord les usages des chromates furent très-restreints ; mais ensuite on en
trouva une mine très-abondante à Baltimore (ville
considérable de l'Amérique Septentrionale, aux
États-Unis, et dans la province de Maryland, au
fond de la baie de Chesapeak). On l'emploie pour
lester les vaisseaux, en sorte que les frais de trans-
ports sont nuls. Le chromate de plomb, depuis
cette découverte, est très-employé pour les papiers
peints et dans la teinture. On prépare d'abord
le chromate de potasse pour en obtenir tous les autres chromates par doubles décompositions, en calcinant dans un four à reverbère le minérai avec du
nitrate de potasse ; il faut un de nitre et deux de mi-
nerai ; on pulvérise la masse, on la jette dans l'eau
bouillante; on filtre, et le chromate de potasse est
dans la liqueur ; on évapore, et on obtient des cristaux d'un jaune très-beau. Si à ce chromate on
ajoute une demi-proportion d'acide sulfurique, on
obtient alors le bi-chromate de potasse, qui donne
des cristaux d'un rouge de toute beauté.

Le chromate de plomb est employé dans la peinture, c'est un jaune des plus beaux et des plus solides; on le prépare en versant de l'acétate de plomb
dans du chromate de potasse ; dans le commerce,
on le frelate en le mêlant à une très-grande quautité
de plâtre.

DES SULFURES.

En parlant des sels à hydracides, on a vu qu'un
hydrochlorate pouvait être considéré comme un
chlorure, de même les hydro-sulfates peuvent être
considérés comme des sulfures, les hydriodates
comme des iodures, etc.; c'est même l'opinion adoptée
maintenant par presque tous les chimistes. Il n'y a

que les sels d'ammoniaque qui fassent exception.
Ainsi, l'hydro-chlorate, l'hydro-sulfate d'ammoniaque ne pourraient être considérés comme chlorures ou sulfures.

Hydrosulfate d'ammoniaque.

Il est formé de volumes égaux d'hydrogène sulfuré et d'ammoniaque; donne un précipité de couleur variable par les sels métalliques; noir par le fer, blanc par le zinc, jaune par l'arsenic, noir par le cobalt et le nikel. Les acides en dégagent l'hydrogène sulfuré, reconnaissable à son odeur d'œufs pourris. Qu'on distille dans une cornue de verre ou de grès un mélange de un de chaux, un d'hydro-chlorate d'ammoniaque, et un demi de soufre, on aura l'hydro-sulfate sulfuré d'ammoniaque, ou la liqueur fumante de Boyle; elle est rouge-brun, et d'une odeur fétide; l'ammoniaque en excès la rend encore plus fumante, parce que, ne trouvant point de quoi se dissoudre, elle se dégage en entraînant des vapeurs ; ces vapeurs s'emparent de l'oxigène de l'air , et passent à l'état d'hypo-sulfite.

Mono-sulfures.

Ils ne contiennent qu'une proportion de soufre. Ceux formés par les métaux alcalins sont tous solubles; il suffit de verser un acide, même très-faible, pour déceler l'hydrogène sulfuré; il est très-facile de les préparer. Qu'on traite le sulfate de baryte , par exemple, par le charbon à une chaleur de forge, on aura un sel incolore, après l'avoir dissous dans l'eau ; c'est le sulfure de barium. En traitant de même le sulfate de potasse, on aurait le sulfure de potassium. Un courant d'hydrogène sur ces sulfates les transforme aussi en sulfures ; l'oxigène de l'acide s'unit à l'hydrogène , et forme de l'eau , qui se dégage abondamment, le soufre reste seul uni au métal. Les mono-sulfures donnent des dissolutions incolores ; mais cet état est très-précaire, parce qu'ils s'altèrent par le contact de l'air, et finissent par passer à l'état de sulfates. En traitant comme nous venons de le dire un bi-sulfate alcalin , on aurait alors un bi-sulfure , c'est-à-dire un sulfure ayant deux proportions de soufre contre une de métal.

Il y a des sulfures qui contiennent encore plus de soufre, on les appelle *poly-sulfures*; ainsi, le potassium donne jusqu'à sept sulfures distincts. Quand on chauffe modérément du carbonate de potasse avec du soufre en excès, on a un sulfure qui contient cinq proportions de soufre, c'est-à-dire cinq fois autant que le mono-sulfure. Tous ces sulfures absorbent rapidement l'oxigène, et se colorent alors en jaune, vert ou rouge.

Parmi les sulfures non alcalins, nous ne citerons que le sulfure d'antimoine, qui, combiné avec du protoxide d'antimoine , donne ce qu'on appelle un oxi-sulfure d'antimoine , connu en médecine sous le nom de kermès. Un chartreux attaqué d'une fluxion de poitrine et à la dernière extrémité fût guéri très-promptement au moyen du kermès. Il est employé dans beaucoup de maladies. Pour le préparer on fait bouillir deux parties et demie de potasse ou de soude, avec deux parties de sulfure d'antimoine parfaitement pulvérisé et vingt parties d'eau , on filtre, et en abandonnant la liqueur à elle-même, par le refroidissement, le kermès se précipite sous forme d'une poudre rouge-brun velouté. On le lave d'abord avec de l'eau froide et ensuite avec de l'eau tiède, on le sèche entre des feuilles de papier brouillard, on le conserve dans des flacons bouchés. Dans la dissolution se trouvent du sulfure de potassium, de la potasse et un peu de kermès non précipité.

DES CHLORURES.

De même que nous avons admis qu'il n'y a qu'un hydro-sulfate, celui d'ammoniaque, nous n'admettrons qu'un hydro-chlorate, celui d'ammoniaque, les autres seront considérés comme des chlorures.

La plus grande partie des chlorures sont solides à la température ordinaire, et ressemblent parfaitement à des sels ; d'autres sont liquides, on croirait que ce ne sont que des dissolutions, si l'analyse ne démontrait qu'il n'y existe pas d'eau ; tels sont les chlorures d'étain, d'arsenic, de chrôme.

Enfin, il y a un chlorure qui est gazeux à la température ordinaire, c'est le per-chlorure de manganèse. Presque tous les chlorures peuvent être volatilisés par la chaleur ; c'est sur cette propriété qu'est fondée le vernissage du grès et des poteries grossières ; on jette le sel marin ou chlorure de sodium dans le four où l'on a disposé les poteries ; par l'action de la chaleur, le chlorure de sodium est volatilisé, et se dépose sur le grès, où il est décomposé, et forme avec la silice un silicate de soude qui fait vernis.

L'oxigène est sans action sur les chlorures de la première, de la cinquième et de la sixième section ; il agit sur les autres à différentes températures, soit en chassant tout le chlore, et en formant un oxide, soit en ne les décomposant qu'en partie, et formant une combinaison d'oxide et de chlorure, connue sous le nom d'oxi-chlorure.

L'hydrogène les décompose tous, excepté ceux

des deux premières sections. Il se forme de l'acide hydro-chlorique, et le métal est mis à nu.

Chlorure de potassium.

Il ressemble beaucoup au chlorure de sodium, dont nous allons nous occuper. Aussi arrive-t-il quelquefois qu'on le mélange à ce dernier, qui est plus cher, ce qui est fort mauvais ; mais il en diffère en ce que sa solubilité augmente beaucoup avec la température, ce qui n'a pas lieu pour le chlorure de sodium. Le chlorure de sodium ne produit que deux degrés de froid en se dissolvant dans l'eau ; le chlorure de potassium en produit jusqu'à onze ; c'est un moyen de déceler la fraude.

Chlorure de sodium ou *sel marin.*

C'est le sel ordinaire ; on peut le faire directement avec le chlore et le sodium, et aussi avec l'acide hydrochlorique et la soude, de sorte qu'on peut le considérer comme un chlorure de sodium sec, ou comme un hydro-chlorate de soude, lorsqu'il est en dissolution dans l'eau. Il cristallise en cubes (forme de dé à jouer) ; ces cubes, comme beaucoup d'autres cristaux, d'ailleurs, peuvent être nourris, c'est-à-dire que de très-petits on peut les rendre très-volumineux : pour cela, voici comment on opère ; on prend une dissolution de sel marin saturée, on laisse évaporer doucement, alors le sel cristallise ; on prend une douzaine de ces petits cristaux bien formés, on les place dans un vase dont le fond est plan, et contient une dissolution de sel marin, on retourne les cristaux chaque jour, et l'on peut obtenir ainsi des cubes d'un volume assez considérable.

La saveur du sel marin est franchement salée, il ne contient pas d'eau de cristallisation, seulement il renferme quelques traces d'humidité interposée mécaniquement entre les lames des cristaux, c'est pour cette raison, comme nous l'avons dit, qu'il décrépite et se dissipe en éclats. Quelquefois les cuisinières en jettent dans le feu pour activer la combustion ; il est possible que les éclats fassent office de soufflet ; mais, dans tous les cas, il ne faudrait pas en jeter beaucoup, car, en se fondant, il formerait des couches autour du bois, et empêcherait totalement la combustion ; ce serait même un excellent moyen d'arrêter un incendie dans le cas où l'on n'aurait pas beaucoup d'eau, que d'y faire dissoudre du sel et de la lancer ensuite sur le feu.

Lorsqu'on a fondu le sel marin, et qu'après l'avoir brisé en morceaux on le jette sur des charbons ardens, il ne décrépite pas, où du moins ne décrépite que très-faiblement ; le *sel gemme* (c'est-à-dire le sel marin que l'on trouve dans le sein de la terre) décrépite aussi très-peu en général, ce qui porterait à croire qu'une grande partie des mines de sels gemmes sont une production du feu. Il n'en faudrait pas conclure cependant que tous les sels gemmes ont cette origine, car nous en voyons former chaque jour par les eaux salées.

Le sel marin éprouve la fusion ignée au rouge blanc, ou au rouge cerise bien prononcé ; il rend alors des fumées dont on se sert pour vernir les poteries comme on l'a vu plus haut.

Extraction du sel marin.

Le sel est abondant dans la nature, soit à l'état solide, soit en dissolution dans les eaux ; de là deux manières de se le procurer. Lorsqu'il est à l'état solide, il constitue le sel gemme qui est souvent pur, alors on le retire de la terre, et on le verse dans le commerce. Lorsqu'il est mélangé avec des terres, on le purifie en le dissolvant dans le moins d'eau possible : cette dissolution sépare les terres étrangères ; on évapore ensuite la liqueur transvasée, et l'on en retire le sel marin, sel de cuisine.

On emploie deux procédés différens pour extraire le sel marin des eaux de la mer, suivant que les pays ont une température élevée ou tempérée.

1° Dans les pays où la température est élevée comme sur les bords de la Méditerranée (du mois d'avril au mois de septembre), on fait rendre les eaux de la mer dans un vaste bassin communiquant avec plusieurs autres bassins qui ont une grande superficie, et peu de profondeur, ce sont les *marais salans;* à mesure que l'eau s'y évapore, on en fait arriver d'autre, et ainsi de suite. Lorsque la saison est avancée, on retire le sel de ces marais, et on le dispose en tas sur les bords, où il s'égoutte, et se débarrasse des sels déliquescens avec lesquels il se trouve ordinairement mélangé, il a d'autant plus de valeur qu'il reste plus long-temps sur ces rebords, car il donne alors moins de déchet.

2° Dans les pays tempérés, comme sont, par exemple, nos côtes de l'Océan, on extrait le sel des eaux de la mer d'une autre manière ; le travail se fait sous un hangar qu'on nomme bâtiment *de graduation*, parce qu'on y ramène l'eau salée à un certain degré de saturation, on la *gradue*. Ce hangar est élevé de 10 à 11 mètres; il a 5 à 6 mètres de largeur, et 3 ou 400 mètres de longueur ; sous ce hangar on construit avec des fagots d'épines un parallélipipède rectangle dont les dimensions sont un peu moindres que celles du hangar. Ce dernier, pour que l'évaporation soit plus spontanée, présente le flanc au vent, qui règne le plus souvent dans la contrée. On élève l'eau salée dans des rigoles placées sur le parallélipipède et percées de trous par lesquels l'eau tombe très-divisée. Elle se divise encore bien davantage en traversant les fagots, de sorte qu'il peut s'évaporer beaucoup de liquide; cette eau ramenée ensuite au dessus du même parallélipipède pour faire encore la même chute, et ainsi plusieurs fois, finit par se saturer de plus en plus de sel. Lorsqu'elle en contient 25 pour cent de son poids, on achève l'évaporation dans une chaudière, et on raffine encore le sel, car il contient des sels étrangers qui nuisent à sa saveur. Le sel marin n'a de valeur que par le transport, le raffinage et les droits auxquels il est soumis, puisque 200 kilog. de sel brut ne coûtent pas 50 centimes, ce qui fait un quart de centime la livre.

Chlorure de calcium.

Ce sel a une affinité extrême pour l'eau, exposé à l'air il en absorbe l'humidité avec rapidité et tombe en déliquescence, aussi ce chlorure est-il employé pour dessécher les gaz. Quand on veut obtenir un gaz sec, on le fait passer dans un tube où on a disposé des fragmens de chlorure de calcium. Lorsque ce sel a été fondu on le nomme phosphore de Homberg. Frotté dans l'obscurité, il devient lumineux.

La chaux absorbe le chlore avec beaucoup d'avidité, et forme une combinaison connue sous le nom de chlorure de chaux. Elle est très-employée dans les arts.

Hydrochlorate d'ammoniaque.

Ce sel se forme directement lorsqu'on met en cou

tact le gaz hydrochlorique et le gaz ammoniaque. Ce sel existe dans la nature; il apparaît de temps en temps dans les environs des volcans. On en rencontre aussi dans les houillères embrasées, telles que celles de Saint-Étienne. Il se trouve encore dans la fiente des chameaux et dans les urines humaines en putréfaction. On a déjà dit comment on prépare ce sel en Égypte par la distillation des suies provenant de la combustion des fientes de chameaux. Voici le procédé de Baumé, pratiqué en Europe : on distille des substances animales, telles que la corne, la soie, les poils, les os ; il se forme divers produits, et entre autres du carbonate d'ammoniaque qui, étant volatil, se dégage, et que l'on dissout dans l'eau ; alors on verse du sulfate de chaux, il se forme du sulfate d'ammoniaque et du carbonate de chaux insoluble ; on filtre, on verse alors une dissolution de chlorure de sodium, il se forme du sulfate de soude et de l'hydrochlorate d'ammoniaque que l'on sépare par la cristallisation.

Chlorure d'étain.

Le proto-chlorure est employé dans les fabriques de toiles peintes ; le bi-chlorure est employé comme mordant dans la teinture en écarlate. Le proto-chlorure s'obtient en traitant l'étain par l'acide hydrochlorique bouillant ; il donne de beaux cristaux. Le bi-chlorure est un liquide qui, à l'air, répand des vapeurs blanches et épaisses. On le prépare en faisant passer du chlore en excès sur de l'étain chauffé au rouge, ou en traitant l'étain par l'eau régale.

Deuto-chlorure de mercure ou sublimé corrosif.

Ce composé, qui n'est autre chose que la se

conde combinaison du chlore et du mercure, est blanc et inaltérable à l'air ; son action sur l'économie animale est des plus grandes ; il est si vénéneux qu'il serait dangereux de le prendre à la dose de quelques grains, il occasionerait alors des douleurs très-vives et pourrait donner la mort. C'est ce corps que l'on appelle vulgairement le *mercure*, le *sublimé*; on l'emploie avec le plus grand succès contre les maladies syphilitiques; on en fait usage aussi pour conserver les matières animales. Ces sortes de matières, plongées dans la dissolution aqueuse de ce sel, acquièrent la dureté du bois et deviennent imputrescibles.

Le savant docteur Orfila a conseillé l'emploi de l'albumine ou blanc d'œuf contre les empoisonnemens causés par le *sublimé corrosif*.

FIN DE LA CHIMIE INORGANIQUE.

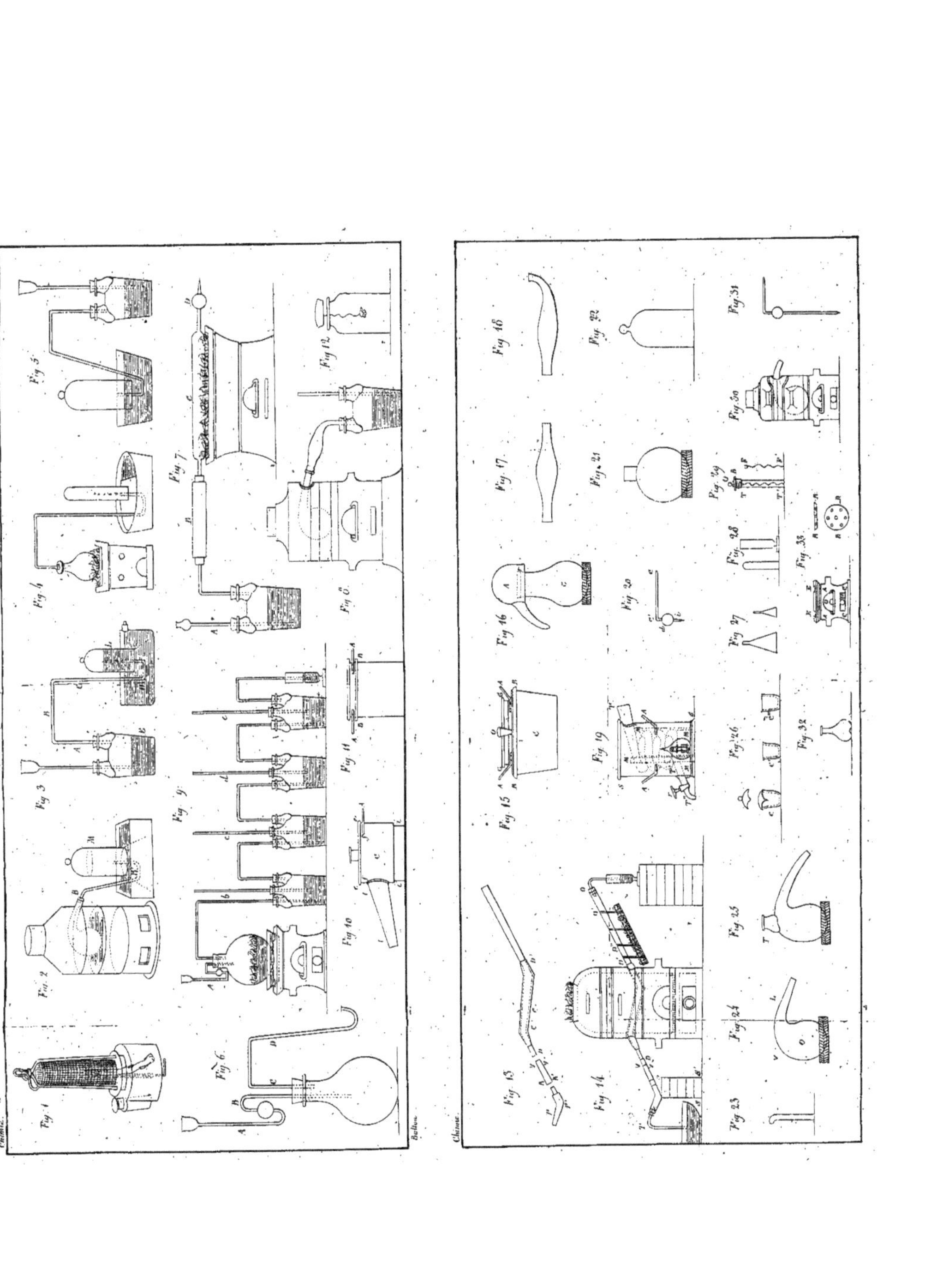

www.ingramcontent.com/pod-product-compliance
Ingram Content Group UK Ltd.
Pitfield, Milton Keynes, MK11 3LW, UK
UKHW010914160726
13695UKWH00007B/1148